高等院校职业技能实训规划教材

AutoCAD 2016辅助设计与制作
案例技能实训教程

刘　鹏　吉晓苹　主　编

清华大学出版社

北　京

内 容 简 介

本书以实操案例为单元，以知识详解为辅助，从AutoCAD最基本的应用知识讲起，全面、细致地对室内设计施工图的制作方法和设计技巧进行了介绍。全书共分为10章，依次介绍了平面户型图、平面布置图、客厅立面图、吊顶剖面图、居室平面图、玄关立面图、双人床模型、办公桌模型、儿童房顶棚图以及跃层住宅施工图的绘制。理论知识涉及AutoCAD基础操作、绘图环境的设置、图层的创建与管理、二维图形的绘制和编辑、图案的填充、图块的创建与应用、外部参照的应用、文字和表格的应用、尺寸标注、三维图形的绘制与编辑、三维模型的渲染、图形的输出与打印等内容。每章最后还安排了具有针对性的项目练习，以供读者练手。

全书结构合理，用语通俗，图文并茂，易教易学，既适合作为高职高专院校和应用型本科院校计算机辅助设计及艺术设计相关专业的教材，又适合作为广大室内设计爱好者的参考用书。

图书在版编目(CIP)数据

AutoCAD 2016辅助设计与制作案例技能实训教程 / 刘鹏，吉晓苹主编. —北京：清华大学出版社，2017

(高等院校职业技能实训规划教材)

ISBN 978-7-302-47451-7

Ⅰ.①A…　Ⅱ.①刘…　②吉…　Ⅲ.①计算机辅助设计AutoCAD—高等学校—教材　Ⅳ.①TP391.72

中国版本图书馆CIP数据核字(2017)第134779号

责任编辑：陈冬梅
装帧设计：杨玉兰
责任校对：周剑云
责任印制：刘海龙

出版发行：清华大学出版社
　　　　　网　　　址：http://www.tup.com.cn，http://www.wqbook.com
　　　　　地　　　址：北京清华大学学研大厦A座　　　邮　　　编：100084
　　　　　社 总 机：010-62770175　　　　　邮　　　购：010-62786544
　　　　　投稿与读者服务：010-62776969，c-service@tup.tsinghua.edu.cn
　　　　　质量反馈：010-62772015，zhiliang@tup.tsinghua.edu.cn
印 装 者：三河市君旺印务有限公司
经　　销：全国新华书店
开　　本：185mm×260mm　　　印　　张：17　　　字　　数：412千字
版　　次：2017年7月第1版　　　印　　次：2017年7月第1次印刷
印　　数：1~3000
定　　价：49.00元

产品编号：073579-01

本书以实操案例为单元，以知识详解为陪衬，从 AutoCAD 最基本的应用知识讲起，全面细致地对室内设计施工图的制作方法和设计技巧进行了介绍。全书共 10 章，依次介绍了平面户型图、平面布置图、客厅立面图、吊顶剖面图、居室平面图、玄关立面图、双人床模型、办公桌模型、儿童房顶棚图及跃层住宅施工图的绘制。理论知识涉及 AutoCAD 基础操作、绘图环境的设置、图层的创建与管理、二维图形的绘制和编辑、图案的填充、图块的创建与应用、外部参照的应用、文字和表格的应用、尺寸标注、三维图形的绘制与编辑、三维模型的渲染、图形的输出与打印等内容。每章最后还安排了具有针对性的项目练习，以供读者练手。

全书结构合理，用语通俗，图文并茂，易教易学，既适合作为高职高专院校和应用型本科院校计算机辅助设计及艺术设计相关专业的教材，又适合作为广大室内设计爱好者的参考用书。

章节	作品名称	知识体系
第 1 章	绘制大户型平面户型图	AutoCAD 绘图环境的设置、图层的创建与管理，图层的重命名、关闭、冻结、锁定等
第 2 章	绘制卧室平面布置图	辅助绘图功能，绘制点、线、矩形、正多边形、圆和椭圆等
第 3 章	绘制客厅 A 立面图	对象的选择、复制、缩放、镜像、延伸等编辑命令
第 4 章	绘制客厅吊顶剖面图	图块的创建与编辑、设计中心的使用及外部参照的使用等
第 5 章	绘制三居室平面布置图	创建文字样式、创建与编辑单行 / 多行文本、表格的应用等
第 6 章	绘制玄关立面图	创建与设置标注样式、尺寸标注的类型及编辑标注对象等
第 7 章	制作双人床模型	三维绘图基础、绘制三维实体、二维图形生成三维图形等
第 8 章	制作办公桌模型	编辑三维模型、添加材质与贴图、灯光与渲染等
第 9 章	绘制儿童房顶棚图	创建管理布局、布局的页面设置及图形的输出与打印等
第 10 章	绘制跃层住宅施工图	结合实际案例，综合应用前面所讲知识绘制家装施工图

本书结构合理、讲解细致，特色鲜明，内容着眼于专业性和实用性，符合读者的认知规律，也更侧重于综合职业能力与职业素质的培养，融"教、学、练"于一体。本书适合应用型本科、职业院校、培训机构作为教材使用。

本书由沈阳建筑大学刘鹏编写2、3、5、8、9、10章，吉晓苹编写1、4、6、7章，参与本书编写的人员还有伏银恋、任海香、李瑞峰、杨继光、周杰、朱艳秋、刘松云、岳喜龙、吴蓓蕾、王赞赞、李霞丽、周婷婷、张静、张晨晨、张素花、郑菁菁、赵莹琳等。这些老师在长期的工作中积累了大量的经验，在写作的过程中始终坚持严谨、细致的态度，力求精益求精。由于水平有限，书中疏漏之处在所难免，希望读者朋友批评指正。

需要获取教学课件、视频、素材的读者可以发送邮件到：619831182@QQ.com或添加微信公众号DSSF007留言申请，制作者会在第一时间将其发至您的邮箱。在学习过程中，欢迎加入读者交流群(QQ群：281042761)进行学习探讨！

编　　者

Contents 目录

第1章 绘制平面户型图 ——图层管理详解

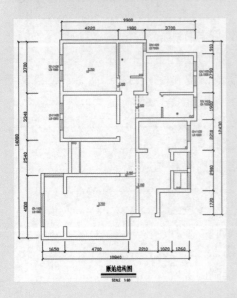

第2章 绘制平面布置图 ——绘制二维图形详解

C ontents 目录

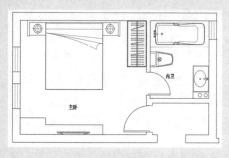

第 3 章　绘制客厅立面图
——编辑二维图形详解

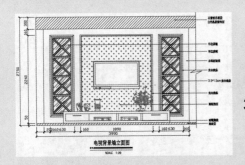

第4章　绘制吊顶剖面图
——文字与表格详解

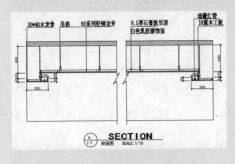

第5章 绘制居室平面图
——图块应用详解

第6章 绘制玄关立面图
——尺寸标注详解

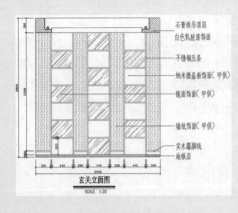

玄关立面图
SCALE 1:20

第7章 绘制双人床模型
——创建三维图形详解

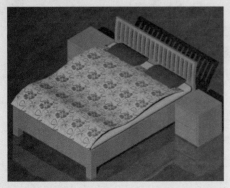

第8章　绘制办公桌模型
——编辑三维图形详解

第9章　绘制顶棚图
——输出图纸详解

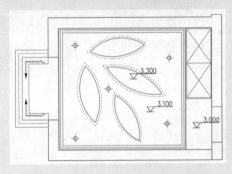

第10章　绘制跃层住宅施工图
——施工现场图纸详解

Contents 目录

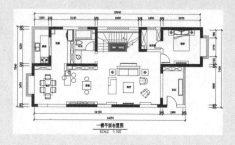

第1章

绘制平面户型图
——图层管理详解

本章概述：

    在进行室内设计工作的过程中，施工图是施工过程的重要依据，原始户型图是绘制所有图纸的基础，户型可按照居室数量划分，如一居、两居、三居等，细分又可再按照卫生间数量分为两居一卫、两居两卫、三居一卫及三居两卫等。本章主要讲解三居两卫的大户型平面图的绘制。

要点难点：

    绘图单位的设置　★☆☆

    绘图比例的设置　★☆☆

    图层的创建　★★☆

    图层的管理　★★☆

    大户型平面图的绘制　★★★

案例预览：

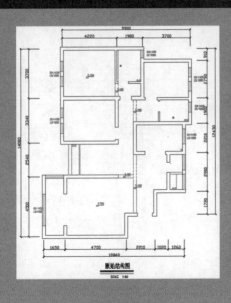

【跟我练】 绘制大户型平面户型图

案例描述

本案例将绘制大户型平面图，在绘制过程中要应用的操作命令有图层、直线、偏移、多线等。

制作过程

绘制墙体可分为单线绘制和多线绘制，这里主要讲解多线绘制墙体，多线绘制主要根据墙体轴线利用多线命令绘制。下面利用多线命令与修改工具栏部分命令绘制居室墙体图，下面介绍其绘制步骤。

STEP 01 启动 AutoCAD 2016 软件，执行"格式"→"图形界限"命令，设置图形界限的左下角点为 (0.0000,0.0000)、右上角点为 (420.0000,297.0000)，如图 1-1 所示。

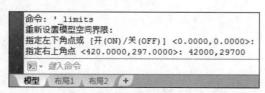

图 1-1

STEP 02 打开"图层特性管理器"面板，单击"新建图层"按钮，创建"轴线"图层，如图 1-2 所示。

图 1-2

STEP 03 选择"轴线"图层，设置轴线图层颜色为红色，线型为"ACADIS003W100"，如图 1-3 所示。

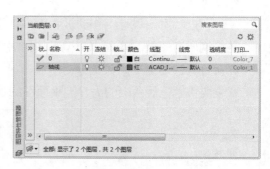

图 1-3

STEP 04 继续单击"新建图层"按钮，创建"墙体"图层，如图 1-4 所示。

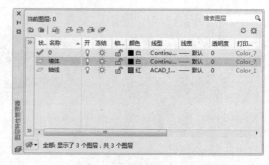

图 1-4

STEP 05 将"轴线"图层置为当前图层，执行"直线"命令，绘制轴线，如图 1-5 所示。

STEP 06 选择轴线，执行"特性"命令，打开特性管理器面板，设置"线型比例"为5，如图 1-6 所示。

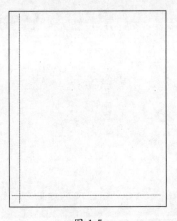

图 1-5

图 1-6

STEP 07 执行"偏移"命令，设置偏移参数，依次向上和向右偏移轴线，绘制轴网，如图 1-7 所示。

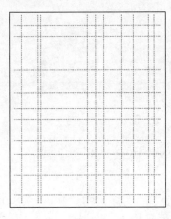

图 1-7

STEP 08 执行"格式"→"多线样式"

命令，打开"多线样式"管理器，新建多线样式"WALL"，如图 1-8 所示。

图 1-8

STEP 09 设置多线样式，选择直线的起点和端点，其他参数保持默认，如图 1-9 所示。

图 1-9

STEP 10 在"新建多线样式 WIN"对话框中，选中"直线"的"起点"和"端点"复选框，添加"图元"参数，如图 1-10 所示。

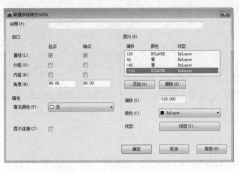

图 1-10

STEP **11** 执行 ML(多线)命令，设置多线对正为"无"，比例为"240"，样式为"WALL"，根据轴线依次绘制墙体，如图 1-11 所示。

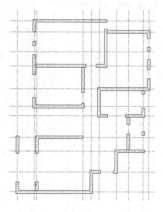

图 1-11

STEP **12** 继续执行 ML(多线)命令，设置多线对正为"上"，比例为"120"，样式为"WALL"，根据轴线，依次绘制单墙，如图 1-12 所示。

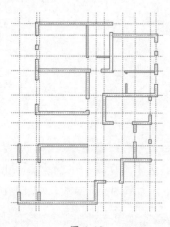

图 1-12

STEP **13** 执行"图层特性管理器"命令，关闭轴图层，双击多线打开"多线编辑工具"对话框，选择"T形打开"选项，修剪墙体，如图 1-13 所示。

STEP **14** 执行"分解"命令，分解无法修剪的墙体，执行"修剪"命令，修剪直线，如图 1-14 所示。

图 1-13

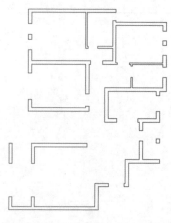

图 1-14

完成墙体的绘制后，接下来绘制窗户等图形，具体操作介绍如下。

STEP **01** 打开"图层特性管理器"面板，单击"新建图层"按钮，创建"窗户"图层，如图 1-15 所示。

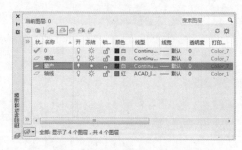

图 1-15

STEP **02** 选择"窗户"图层，设置窗户图层颜色为青色，双击"窗户"图层将其置为当前图层，如图 1-16 所示。

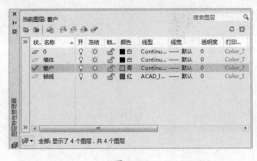

图 1-16

STEP 03 执行 ML（多线）命令，设置多线对正为"无"，比例为"240"，样式为"WIN"，绘制窗户，如图 1-17 所示。

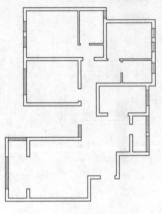

图 1-17

STEP 04 执行"直线"命令和"偏移"命令，绘制栏杆扶手，执行"特性"命令，将扶手颜色设置为红色，如图 1-18 所示。

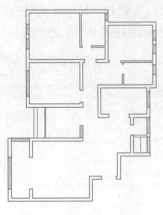

图 1-18

STEP 05 打开"图层特性管理器"面板，

单击"新建图层"按钮，创建"梁"图层，设置"梁"图层的颜色及线型，如图 1-19 所示。

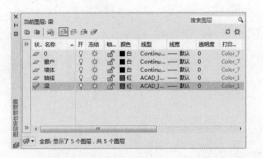

图 1-19

STEP 06 执行"直线"命令和"偏移"命令，绘制梁，执行"特性"命令，设置线型比例为 5，如图 1-20 所示。

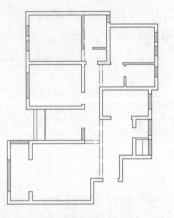

图 1-20

STEP 07 打开"图层特性管理器"面板，单击"新建图层"按钮，创建"水电"图层，设置"水电"图层颜色，单击置为当前按钮，将"水电"图层置为当前图层，如图 1-21 所示。

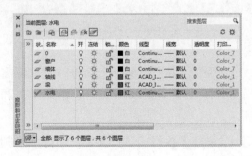

图 1-21

STEP 08 执行"直线"命令和"圆"命令，绘制下水管，执行"复制"命令，复制下水管，如图 1-22 所示。

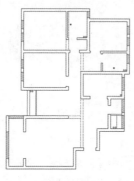

图 1-22

STEP 09 执行"直线"命令和"修剪"命令，打开"极轴追踪"界面，绘制标高符号，如图 1-23 所示。

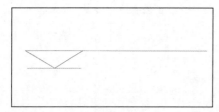

图 1-23

STEP 10 执行"多行文字"命令，绘制标注文字，如图 1-24 所示。

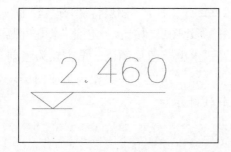

图 1-24

STEP 11 执行"复制"命令，复制标高符号，双击文字更改标注内容，如图 1-25 所示。

STEP 12 执行"多行文字"命令，绘制门窗标注文字，如图 1-26 所示。

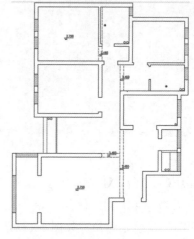

图 1-25

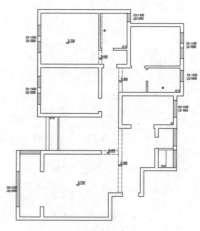

图 1-26

完成图形的绘制后，对其实施标注操作，具体的标注操作介绍如下。

STEP 01 打开"标注样式管理器"对话框，新建标注样式 P-50，如图 1-27 所示。

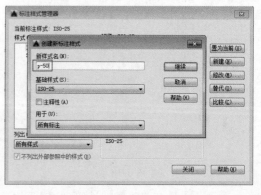

图 1-27

STEP 02 在"线"选项卡中，设置"尺寸界线"，"超出尺寸线"为"80"，"起点偏移量"为"50"，如图1-28所示。

图 1-28

STEP 03 切换到"符号和箭头"选项卡，设置"箭头"为"建筑标记"，"引线"为"实心闭合"，"箭头大小"为"120"，其他参数保持默认，如图1-29所示。

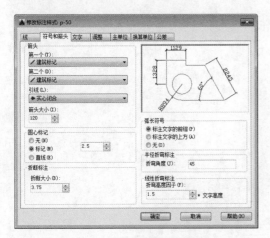

图 1-29

STEP 04 切换到"文字"选项卡，设置"文字高度"为"200"，"从尺寸线偏移"为"30"，选择"主单位"选项卡中的"精度"为"0"，其他参数保持默认，如图1-30所示。

STEP 05 打开"图层特性管理器"面板，单击新建图层按钮，新建"图层1"，如图1-31所示。

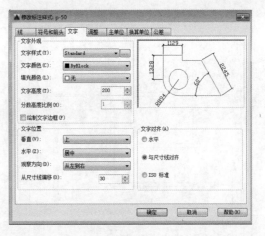

图 1-30

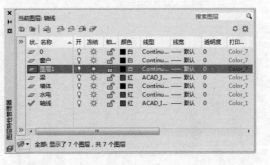

图 1-31

STEP 06 右击"图层1"，在弹出的快捷菜单中选择"重命名图层"命令，输入新的图层名称"尺寸标注"，双击该图层将其置为当前图层，如图1-32所示。

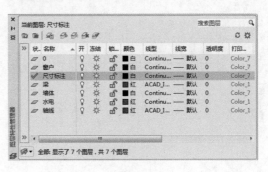

图 1-32

STEP 07 执行"线型标注"命令和"连续标注"命令，标注尺寸，如图1-33所示。

STEP 08 执行"直线"命令和"偏移"命令，绘制直线，执行"多行文字"命令，绘制标注文字，如图1-34所示。

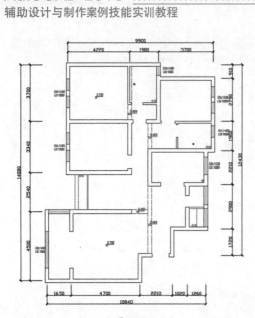

图 1-33

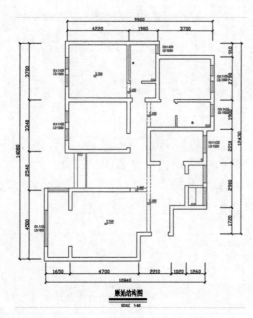

图 1-34

【听我讲】

1.1 绘图前的准备

由于每个用户绘图习惯不同，在绘图前都会进行一番设置，好让绘制的图纸更加精确。下面介绍一些常用绘图环境的设置操作。

1.1.1 设置绘图单位

在绘图之前，进行绘图单位的设置是很有必要的。对任何图形而言，总有其大小、精度以及所采用的单位。而各个行业领域的绘图要求不同，其单位、大小也会随之改变。

图 1-35

从菜单栏执行"格式→单位"命令，打开"图形单位"对话框，从中根据需要设置"长度""角度"以及"插入时的缩放单位"选项，如图 1-35 所示。

用户也可在命令行中输入"Units"后，按 Enter 键，同样可打开"图形单位"对话框。

其中，"图形单位"对话框中各选项的含义介绍如下。

- 长度：此选项组用于指定测量的当前单位及当前单位的精度。"类型"下拉列表框用于设置测量单位的当前格式，分别为"分数""工程""建筑""科学""小数"选项。"精度"下拉列表框用于设置线性测量值显示的小数位数或分数大小。
- 角度：此选项组用于指定当前角度格式和当前角度显示的精度。"类型"下拉列表框则用于设置当前角度的格式，分别为"百分度""度/分/秒""弧度""勘测单位"以及"十进制度数"选项。"精度"下拉列表框则用于设置当前角度所显示的精度。
- 插入时的缩放单位：此选项用于控制插入至当前图形中的图块测量单位。若使用的图块单位与该选项单位不同，则在插入时将对其按比例缩放；若插入时不按照指定单位缩放，可选择"无单位"选项。
- 输出样例：此处显示用当前单位和角度设置的例子。
- 光源：此选项用于控制当前图形中的光源强度单位。

1.1.2 设置绘图比例

绘图比例的设置与所绘制图形的精确度有很大关系。比例设置得越大，绘图的精度则越精确。当然，各行业领域的绘图比例是不相同的，所以在制图前需要调整好绘图比例值。

下面将对绘图比例的设置操作进行介绍。

STEP 01 从菜单栏执行"格式"→"比例缩放列表"命令，如图 1-36 所示，打开"编辑图形比例"对话框。

STEP 02 在"比例列表"列表框中选择所需比例值，单击"确定"按钮即可，如图 1-37 所示。

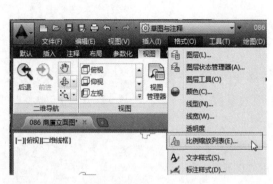

图 1-36

图 1-37

STEP 03 若在列表中没有合适的比例值，则可单击"添加"按钮，在弹出的"添加比例"对话框的"显示在比例列表中的名称"输入框中，输入所需比例值，并输入"图纸单位"与"图形单位"比例，单击"确定"按钮，如图 1-38 所示。

STEP 04 在返回的对话框中，选中添加的比例值，单击"确定"按钮即可，如图 1-39 所示。

图 1-38

图 1-39

1.1.3 设置基本参数

每个用户的绘图习惯都不相同，在绘图前，对一些基本参数进行正确的设置才能提高制图效率。

执行"应用程序"→"选项"命令（注明确为菜单命令的，是指从菜单栏选择执行的命令），在打开的"选项"对话框中，用户即可对所需参数进行设置，如图 1-40 所示。

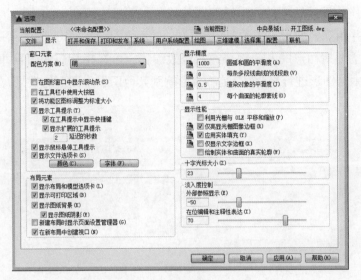

图 1-40

下面对"选项"对话框中的各选项卡进行说明。

● 文件：该选项卡用于确定系统搜索支持文件、驱动程序文件、菜单文件和其他文件。

● 显示：该选项卡用于设置窗口元素、显示精度、显示性能、十字光标大小和参照编辑的颜色等参数。

● 打开和保存：该选项卡用于设置系统保存文件类型、自动保存文件的时间及维护日志等参数。

● 打印和发布：该选项卡用于设置打印输出设备。

● 系统：该选项卡用于设置三维图形的显示特性、定点设备及常规等参数。

● 用户系统配置：该选项卡用于设置系统的相关选项，其中包括"Windows 标准操作""插入比例""坐标数据输入的优先级""关联标注""超链接"等参数。

● 绘图：该选项卡用于设置绘图对象的相关操作，如"自动捕捉""捕捉标记大小""AutoTrack 设置"以及"靶框大小"等参数。

● 三维建模：该选项卡用于创建三维图形时的参数设置，如"三维十字光标""三维对象""视口显示工具"以及"三维导航"等参数。

● 选择集：该选项卡用于设置与对象选项相关的特性，如"拾取框大小""夹点尺寸""选择集模式""夹点颜色"及"选择集预览""功能区选项"等参数。

● 配置：该选项卡用于设置系统配置文件的创建、重命名、删除、输入、输出及配置等参数。

● 联机：在"联机"选项卡中单击"登录"选项后，可进行联机方面的设置，用户可将 AutoCAD 的有关设置保存到云上，这样无论在家庭还是办公室，都可保证 AutoCAD 设置总是一致的，包括模板文件、界面、自定义选项等。

1.2　创建新图层

图层可比作绘图区域中的一层透明薄片，一张图纸中可包含多个图层。各图层之间是完全对齐，并相互叠加。

如果用户需要对图形的某一部分进行修改编辑，可选择相应的图层即可。当然在单独对某一图层中的图形进行修改时，是不会影响到其他图层中图形的效果，如图 1-41 所示。

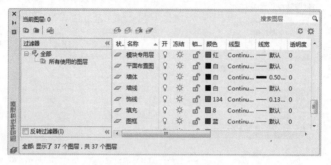

图 1-41

每个图层都有各自的特性，它通常是由当前图层的默认设置决定的。在操作时，用户可对各图层的特性进行单独设置，其中包括"名称""打开 / 关闭""锁定 / 解锁""颜色""线型""线宽"等，如图 1-42、图 1-43 所示。

图 1-42

图 1-43

📌 绘图技巧

在默认情况下，系统只有一个 0 层。而在 0 层上是不可以绘制任何图形的。它主要是用来定义图块的。定义图块时，先将所有图层均设置为 0 层，之后再定义块，这样在插入图块时，当前图层是哪个层，其图块则属于哪个层。

1.2.1　新建图层

在绘制图纸之前，需创建新图层，以提高绘图效率。在此首先介绍图层创建的操作方法。

STEP 01　在功能区的"常用"选项卡的"图层"组中执行"图层特性"命令（或单击"图层特性"按钮），打开"图层特性管理器"面板，如图 1-44 所示。

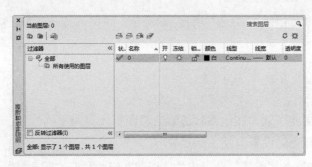

图 1-44

STEP **02** 单击"新建图层"按钮 ⛃，此时在图层列表中将显示新图层"图层1"，如图 1-45 所示。

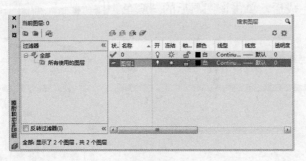

图 1-45

STEP **03** 单击"图层1"选项，将其设为编辑状态，输入所需图层新名称，如输入"墙体"，如图 1-46 所示。

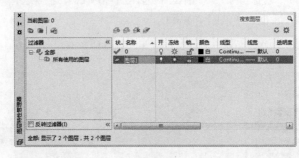

图 1-46

STEP **04** 按照同样的操作方法，创建其他所需图层，如创建"轴线"图层，如图 1-47 所示。

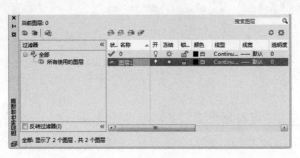

图 1-47

用户也可在命令行中输入"LA"后按 Enter 键，同样可打开"图层特性管理器"面板，并在其中创建所需图层。

1.2.2 设置图层颜色

为了与其他图层相区别，在绘图时通常会将图层设置为不同颜色。

下面介绍图层颜色的设置方法。

STEP 01 在功能区的"常用"选项卡的"图层"组中执行"图层特性"命令，打开"图层特性管理器"面板，在图层列表中选择所需设置图层，这里选择"墙体"图层，如图 1-48 所示。

STEP 02 选择完成后，单击该图层后的"颜色"按钮■白，如图 1-49 所示。

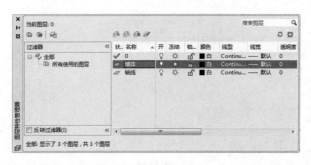

图 1-48　　　　　　　　　　　　　　　　图 1-49

STEP 03 在打开的"选择颜色"对话框中选择所需颜色，这里选择"绿色"，单击"确定"按钮，关闭当前对话框，如图 1-50 所示。

STEP 04 此时该图层颜色已发生了变化，如图 1-51 所示。

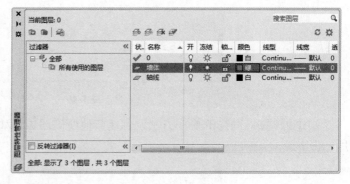

图 1-50　　　　　　　　　　　　　　　　图 1-51

1.2.3 设置图层线型

在绘制过程中，用户可对每个图层的线型样式进行设置。不同的线型表示的作用也不同。系统默认使用 Continuous 线型。

绘制平面户型图——图层管理详解　第1章

CHAPTER 01

CHAPTER 02

CHAPTER 03

CHAPTER 04

CHAPTER 05

下面介绍更改图层线型的操作。

STEP 01 执行"图层特性"命令，在打开的"图层特性管理器"面板中，选中所需图层，如选择"轴线"图层，其后，单击"Continuous(线型)"选项，如图 1-52 所示。

STEP 02 在打开的"选择线型"对话框中，单击"加载"按钮，如图 1-53 所示。

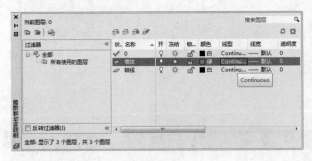

图 1-52

图 1-53

STEP 03 在弹出的"加载或重载线型"对话框的"可用线型"列表框中，选择所需线型样式，如图 1-54 所示。选择完成后单击"确定"按钮，返回到"选择线型"对话框。

STEP 04 选中刚加载的线段，单击"确定"按钮，关闭该对话框，即可完成线型更改，如图 1-55 所示。

图 1-54

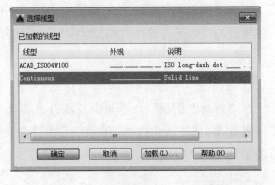

图 1-55

1.2.4　设置图层线宽

在 AutoCAD 中，不同的线宽代表的含义也有所不同。所以在对图层特性进行设置时，图层的线宽设置也是必要的。在此将对图层线宽的设置操作进行详细介绍。

STEP 01 打开"图层特性管理器"面板，选中所需图层，单击"线宽—— 默认"选项，如图 1-56 所示。

STEP 02 在弹出的"线宽"对话框中，选择所需的线宽样式，单击"确定"按钮，关闭该对话框即可，如图 1-57 所示。

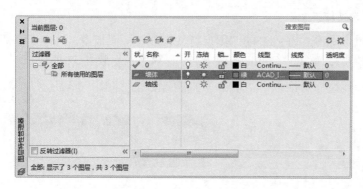

图 1-56 图 1-57

绘图技巧

在设置了图层线宽后，若当前图形的线宽没有变化。此时用户只需在该界面的状态栏中，单击"显示 / 隐藏线宽"按钮，即可显示线宽；反之，则隐藏线宽。

1.3 管理图层

在"图层特性管理器"面板中，用户不仅可以创建图层、设置图层特性，还可以对创建好的图层进行管理，如锁定图层、关闭图层、删除图层等。

1.3.1 重命名图层

"重命名图层"命令可以重新命名图层名称，打开"图层特性管理器"面板，选中所需更改图层，如图 1-58 所示，右击打开快捷菜单，选择"重命名图层"命令，输入新的图层名称"标注"，如图 1-59 所示。

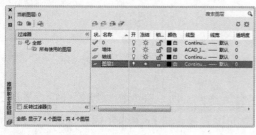

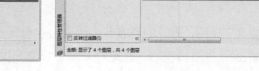

图 1-58 图 1-59

1.3.2 打开 / 关闭图层

系统默认的图层都是处于打开状态。而若选择某图层进行关闭，则该图层中所有的图形不可见且不能被编辑和打印。图层的打开与关闭操作可使用以下两种方法。

绘制平面户型图——图层管理详解 第1章

CHAPTER 01
CHAPTER 02
CHAPTER 03
CHAPTER 04
CHAPTER 05

1. 使用"图层特性管理器"面板操作

在打开的"图层特性管理器"面板中，单击所需图层中的"开 ♀"按钮，将其变为灰色，如图 1-60 所示。此时该图层已被关闭，而在该图层中所有的图形则不可见，如图 1-61 所示；反之，再次单击该按钮，并将其呈高亮显示状态，则为打开图层操作。

图 1-60

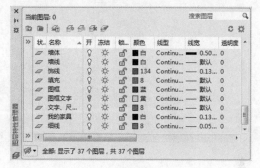
图 1-61

2. 使用图层面板操作

在功能区的"常用"选项卡的"图层"组中执行"图层"命令，在下拉图层列表中，单击所需图层的"开 / 关"按钮，同样可以打开或关闭该图层。需要注意的是，若该图层为当前层，则无法对其进行操作。

1.3.3 冻结 / 解冻图层

冻结图层有利于减少系统重新生成图形的时间，冻结图层中的图形文件将不显示在绘图区中。在"图层特性管理器"面板中，选择所需的图层，单击"冻结"按钮 ☼，即可完成图层的冻结，如图 1-62、图 1-63 所示；反之，则为解冻操作。

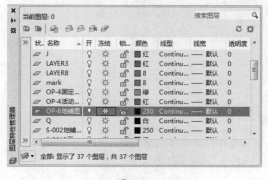

图 1-62

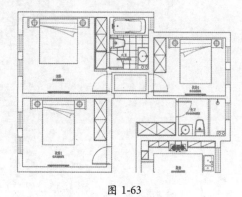
图 1-63

1.3.4 锁定 / 解锁图层

当某图层被锁定后，则该图层上所有的图形将无法进行修改或编辑，这样，可以降低意外修改对象的可能性。用户可在"图层特性管理器"面板中选中所需图层，单击"锁

定 / 解锁"按钮 🔒，即可将其锁定；反之，则为解锁操作。当光标移至被锁定的图形上时，在光标右下角则显示锁定符号，如图 1-64 所示。

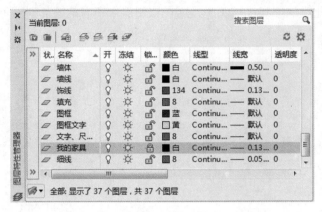

图 1-64

1.3.5　合并图层

合并图层方便清理及管理图层，可以通过合并图层来减少图形中的图层数。将所合并图层上的对象移动到目标图层，并从图形中清理原始图层。打开"图层特性管理器"面板，选中所需合并的图层，如图 1-65 所示。随后右击，在弹出的快捷菜单中选择"将选中图层合并到…"命令，如图 1-66 所示。

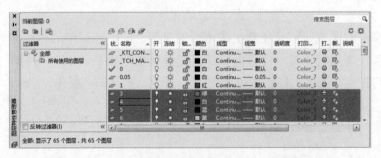

图 1-65

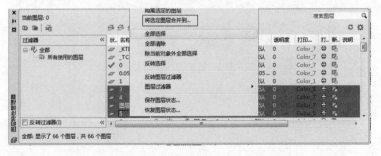

图 1-66

打开"合并到图层"对话框，在"目标图层"列表框中选择合并目标图层"1"，如图 1-67 所示。

图层合并到"1"效果，如图1-68所示。

图 1-67

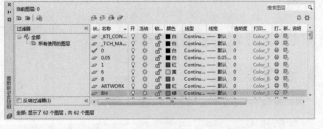

图 1-68

1.3.6 删除图层

若想将多余的图层进行删除，可单击"图层特性管理器"面板中的"删除图层"按钮，将其删除。

删除操作很简单，即在"图层特性管理器"面板中选中所需删除的图层（除当前图层外），单击"删除图层"按钮 即可，如图1-69所示。

抑或，右击需要删除的图层，在弹出的快捷菜单中选择"删除图层"命令即可，如图1-70所示。

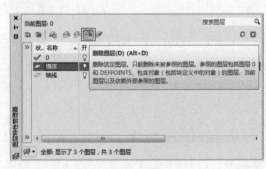

图 1-69

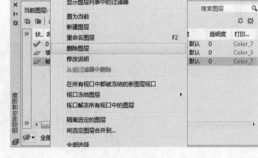

图 1-70

绘图技巧

图层隔离与图层锁定在用法上相似，但图层隔离只能将选中的图层进行修改操作，而其他未被选中的图层都为锁定状态，无法进行编辑；而锁定图层只是将当前选中的图层进行锁定，无法编辑。

【自己练】

项目练习 1　绘制两居室平面图

📺 **图纸展示，如图 1-71 所示。**

📺 **绘图要领：**

    (1) 新建图形文件，设置绘图单位。

    (2) 新建图层，设置图层样式。

    (3) 绘制墙体中轴线。

    (4) 绘制墙体、门窗。

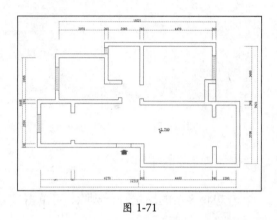

图 1-71

项目练习 2　绘制别墅一层墙体图

📺 **图纸展示，如图 1-72 所示。**

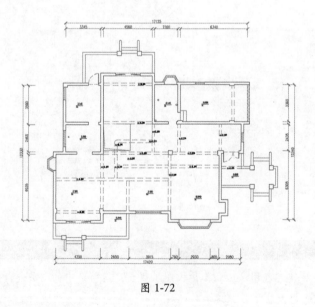

图 1-72

📺 **绘图要领：**

    (1) 设置绘图单位。

    (2) 创建图层。

    (3) 创建墙体。

第 2 章

绘制平面布置图
——绘制二维图形详解

本章概述:

    平面布置图是家居方案设计图,设计布局要合理,居室要有很强的实用性,不同的空间要满足不同的功能需求,卧室主要满足人们日常休息,卧室的布置原则是如何最大限度地提高舒适感和主卧的私密性,房内具备完善的生活设施,即有床、衣柜及小型陈列台,造型简单、色彩清爽。本章将对卧室平面图绘制方法及其相关知识进行介绍。

要点难点:

    捕捉绘图功能的应用 ★☆☆

    点的绘制 ★☆☆

    线的绘制 ★★☆

    曲线的绘制 ★★☆

    卧室平面布置图的绘制 ★★★

案例预览:

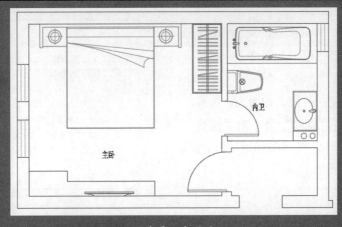

卧室平面布置图

【跟我练】 绘制卧室平面布置图

📺 案例描述

本案例主要绘制卧室顶面布置图，主要应用到的命令有直线、矩形、圆等绘图命令以及偏移、修剪等修改命令。

📺 制作过程

STEP 01 打开"原始结构图"文件，复制一份原始户型图，如图 2-1 所示。

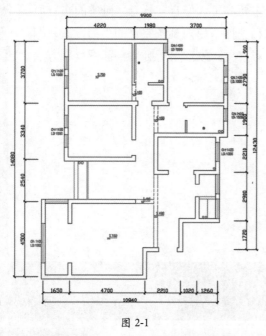

图 2-1

STEP 02 执行"删除"命令，删除文字标注及梁轮廓线等图形，如图 2-2 所示。

STEP 03 执行"直线"命令，连接卫生间门洞，更改卫生间门洞，如图 2-3 所示。

STEP 04 执行"直线"命令和"修剪"命令，绘制新的卫生间门洞和卧室房门门垛，如图 2-4 所示。

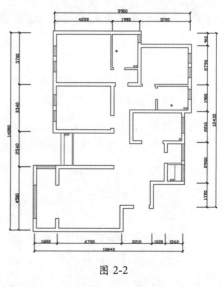

图 2-2

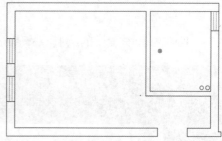

图 2-3

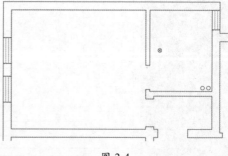

图 2-4

STEP **05** 执行"矩形"命令,绘制卧室门,设置矩形尺寸为 800mm×40mm,如图 2-5 所示。

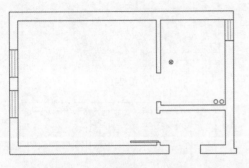

图 2-5

STEP **06** 执行"圆"命令,捕捉矩形端点,绘制半径为 800mm 的圆形,如图 2-6 所示。

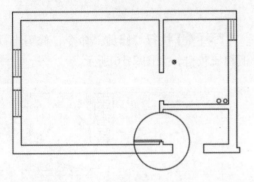

图 2-6

STEP **07** 执行"修剪"命令,选择剪切边,修剪卧室门圆弧,执行"特性"命令,选择矩形,修改矩形颜色为红色,如图 2-7 所示。

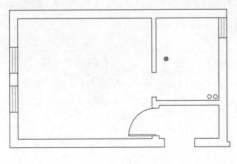

图 2-7

STEP **08** 执行"复制"命令,复制房门,执行"旋转"命令,旋转房门,如图 2-8 所示。

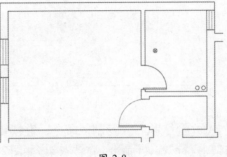

图 2-8

STEP **09** 执行"矩形"命令,绘制长度为 600mm、宽度为 1500mm 的矩形柜体,执行"偏移"命令,将矩形向内偏移 20mm,如图 2-9 所示。

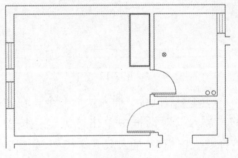

图 2-9

STEP **10** 执行"直线"命令,绘制挂衣杆,执行"矩形"命令和"复制"命令,绘制衣架,如图 2-10 所示。

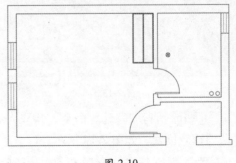

图 2-10

STEP **11** 执行"矩形"命令,绘制衣架,执行"复制"命令,复制衣架,如图 2-11 所示。

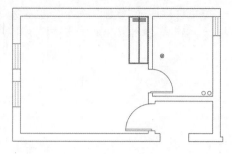

图 2-11

STEP **12** 执行"复制"命令，继续复制衣架，执行"旋转"命令，旋转衣架，如图2-12所示。

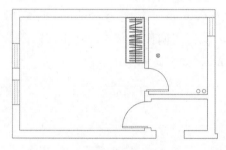

图 2-12

STEP **13** 执行"插入块"命令，在弹出的"插入"对话框中单击"浏览"按钮，选择双人床模型，插入双人床模型，如图2-13所示。

图 2-13

STEP **14** 执行"移动"命令，将双人床移动到相应位置，如图 2-14 所示。

STEP **15** 执行"偏移"命令，绘制电视柜和梳妆台，将墙面直线依次向上偏移300mm、200mm，将左边墙线依次向右偏移 800mm、1800mm，如图 2-15 所示。

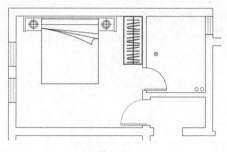

图 2-14

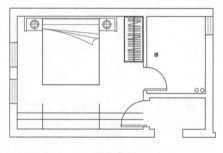

图 2-15

STEP **16** 执行"修剪"命令，修剪电视柜和梳妆台，如图 2-16 所示。

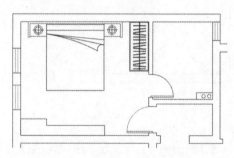

图 2-16

STEP **17** 执行"插入块"命令，在弹出的"插入"对话框中单击"浏览"按钮，选择电视机模型，插入电视机模型，如图2-17所示。

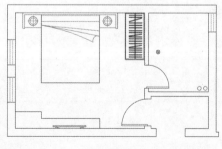

图 2-17

STEP **18** 执行"直线"命令，绘制浴缸台面，执行"插入块"命令，在弹出的"插入"对话框中单击"浏览"按钮，选择浴缸，插入浴缸模型，如图2-18所示。

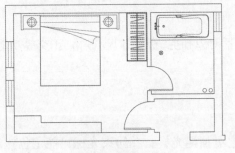

图 2-18

STEP **19** 执行"插入块"命令，在弹出的"插入"对话框中单击"浏览"按钮，选择马桶，插入马桶模型，执行"旋转""移动"命令，调整马桶位置，如图2-19所示。

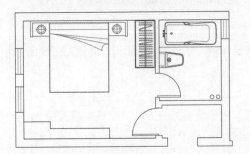

图 2-19

STEP **20** 执行"直线"命令和"偏移"命令，绘制洗漱台面，如图2-20所示。

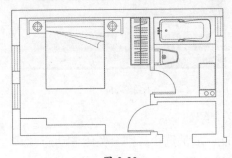

图 2-20

STEP **21** 执行"椭圆"命令，绘制椭圆形洗手盆，执行"圆"命令，捕捉椭圆圆心绘制圆形，绘制下水，如图2-21所示。

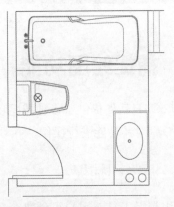

图 2-21

STEP **22** 执行"直线"命令和"圆弧"命令，绘制水龙头，执行"修剪"命令，修剪龙头，如图2-22所示。

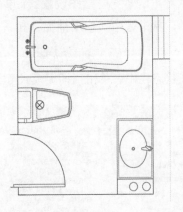

图 2-22

STEP **23** 执行"多行文字"命令，绘制房间名称。至此,卧室平面布置图绘制完毕,如图2-23所示。

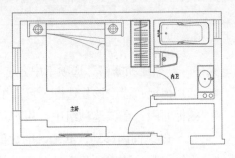

图 2-23

【听我讲】

2.1 捕捉绘图功能

AutoCAD软件提供了多种捕捉功能，其中包括对象捕捉、极轴捕捉、栅格、正交等功能。下面将分别对其功能进行操作。

2.1.1 栅格和捕捉

使用捕捉工具，用户可创建一个栅格，使它可捕捉光标，并约束光标只能定位在某一栅格点上。用户可以通过数值的方式来确定栅格距离。

在 AutoCAD 中，启动"栅格捕捉"功能的方法有以下两种。

1．使用菜单栏命令启动

执行"工具"→"绘图设置"菜单命令，打开"草图设置"对话框，切换至"捕捉和栅格"选项卡，从中选中"启用捕捉"和"启用栅格"复选框即可启动，如图 2-24 所示。

2．使用状态栏命令启动

在状态栏中，单击"捕捉模式▦"和"栅格显示▦"启动按钮即可，如图 2-25 所示。

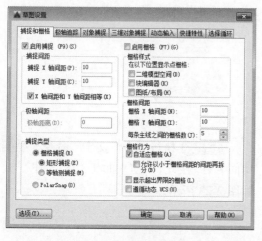

图 2-24

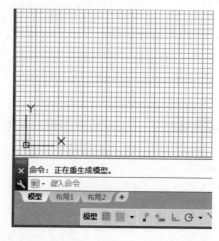

图 2-25

其中，"捕捉和栅格"选项卡中各选项的含义介绍如下。

● 启用捕捉：选中该复选框，可启用捕捉功能；取消选中，则会关闭该功能。

● 捕捉间距：在该选项组中，用户可设置捕捉间距值，以限制光标仅在指定的 X 轴和 Y 轴之间内移动。其输入的数值应为正实数。

● 极轴间距：该选项用于控制极轴捕捉增量距离。该选项只能在启动"极轴捕捉"

功能才可用。

- 捕捉类型：该选项组用于确定捕捉类型。选中"栅格捕捉"单选按钮时，光标将沿着垂直和水平栅格点进行捕捉；选中"矩形捕捉"单选按钮时，光标将捕捉矩形栅格；选中"等轴测捕捉"单选按钮时，光标则捕捉等轴测栅格。
- 启用栅格：选中该复选框，可启动栅格功能；反之，则关闭该功能。
- 栅格间距：该选项组用于设置栅格在水平与垂直方向的间距，其方法与"捕捉间距"相似。
- 每条主线之间的栅格数：该微调框用于指定主栅格线与次栅格线的方格数。
- 栅格行为：用于控制当 Vscurrent 系统变量设置为除二维线框之外的任何视觉样式时，所显示栅格线的外观。

2.1.2 对象捕捉

对象捕捉功能是用于 CAD 绘图必不可少的工具之一。通过对象捕捉功能，能够快速定位至图形中点、垂直、端点、圆心、切点及象限点等。启动对象捕捉功能的方法有以下两种。

1. 单击"对象捕捉"启动按钮

右击状态栏中的"对象捕捉"按钮，在弹出的快捷菜单中选择"设置"命令，打开"草图设置"对话框，切换到"对象捕捉"选项卡，从中选中所需捕捉功能对应的复选框即可启动，如图 2-26 所示。

2. 右键菜单启动

同样，在状态栏中，右击"对象捕捉"按钮，在弹出的快捷菜单中，用户即可选中需启动的捕捉选项，如图 2-27 所示。对象捕捉各功能介绍如表 2-1 所示。

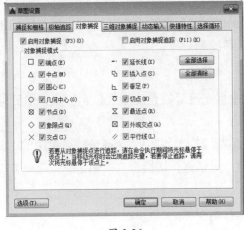

图 2-26

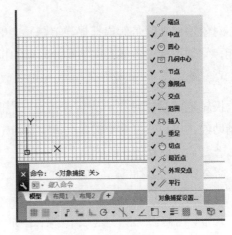

图 2-27

表 2-1　对象捕捉功能列表

名　称	使用功能
端点捕捉	捕捉到线段等对象的端点
中点捕捉	捕捉到线段等对象的中点
圆心捕捉 ◎	捕捉到圆或圆弧的圆心
节点捕捉 ◦	捕捉到线段等对象的节点
象限点捕捉 ◈	捕捉到圆或圆弧的象限点
交点捕捉 ✕	捕捉到各对象之间的交点
延长线捕捉 ⸺	捕捉到直线或圆弧的延长线上点
插入点捕捉	捕捉块、图形、文字或属性的插入点
垂直点捕捉 ⊥	捕捉到垂直于线或圆上的点
切点捕捉 ◯	捕捉到圆或圆弧的切点
最近点捕捉 ◯	捕捉拾取点最近的线段、圆、圆弧或点等对象上的点
外观交点捕捉 ⊠	捕捉两个对象的外观的交点
平行线捕捉 ∥	捕捉到与指定线平行的线上的点
临时追踪点 ⊶	创建对象捕捉所使用的临时点
捕捉自	从临时参照点偏移

📌 绘图技巧

　　"临时追踪点"和"捕捉自"两种捕捉模式是在绘图过程中进行捕捉的，属于透明命令的一种。用户只需在绘制过程中，右击，在弹出的快捷菜单中选择"捕捉替代"命令，并在级联菜单中即可选择该捕捉功能。

2.1.3　对象追踪

　　对象追踪功能是对象捕捉与追踪功能的结合。它是 AutoCAD 的一个非常便捷的绘图功能，它是按指定角度或按与其他对象的指定关系绘制对象。

1. 极轴追踪功能

　　极轴追踪功能可在系统要求指定一点时，按事先设置的角度增量显示一条无限延伸的辅助线，用户就可沿着辅助线追踪到指定点。

　　若要启动该功能，则在状态栏中右击"极轴追踪 ⸓"启动按钮，选择快捷菜单中的"设置"命令，如图 2-28 所示。随后打开"草图设置"对话框，切换至"极轴追踪"选项卡，从中设置相关选项即可，如图 2-29 所示。

　　其中，"极轴追踪"选项卡中各选项的含义介绍如下。

● 启用极轴追踪：该复选框用于启动极轴追踪功能。

● 极轴角设置：该选项组用于设置极轴追踪的对齐角度；"增量角"用于设置显示

极轴追踪对齐路径的极轴角增量，在此可输入任何角度，也可在其下拉列表框中选择所需角度；"附加角"则是对极轴追踪使用列表中的任何一种附加角度。

● 对象捕捉追踪设置：该选项组用于设置对象捕捉追踪选项。选中"仅正交追踪"单选按钮，则启用对象捕捉追踪时，将显示获取对象捕捉点的正交对象捕捉追踪路径；若选中"用所有极轴角设置追踪"单选按钮，则在启用对象追踪时，将从对象捕捉点起沿着极轴对齐角度进行追踪。

● 极轴角测量：该选项组用于设置极轴追踪对齐角度的测量基准。选中"绝对"单选按钮，可基于当前用户坐标系确定极轴追踪角度；选中"相对上一段"单选按钮，则可基于最后绘制的线段确定极轴追踪角度。

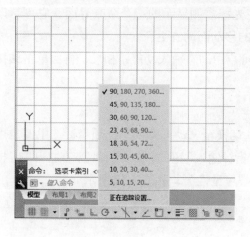

图 2-28

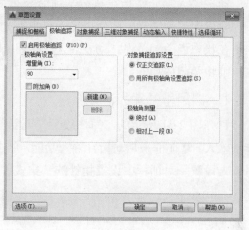

图 2-29

2．自动追踪功能

自动追踪功能可帮助用户快速、精确地定位所需点。执行"应用程序"→"选项"菜单命令，打开"选项"对话框，切换至"绘图"选项卡，在"AutoTrack设置"选项组进行设置即可，如图 2-30所示。该选项组中各选项说明如下。

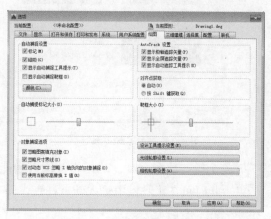

图 2-30

● 显示极轴追踪矢量：该选项用于设置是否显示极轴追踪的矢量数据。

● 显示全屏追踪矢量：该选项用于设置是否显示全屏追踪的矢量数据。

● 显示自动追踪工具提示：该选项用于在追踪特征点时，是否显示工具栏上的相应按钮的提示文字。

2.1.4 正交模式

在绘制图形时，有时需要绘制水平线或垂直线，此时则需使用正交功能。该功能为绘图带来很大的方便。在状态栏中，单击"正交"启动按钮，即可启动该功能。当然用户也可按 F8 键来启动。

启动该功能后，光标只能限制在水平或垂直方向移动，通过在绘图区中单击或输入线条长度来绘制水平线或垂直线。

2.1.5 动态输入

动态输入功能是指在执行某项命令时，在光标右侧显示的一个命令界面。它可帮助用户完成图形的绘制。该命令界面可根据光标的移动而动态更新。

在状态栏中，单击"动态输入"按钮 即可启用动态输入功能；相反，再次单击该按钮，则将关闭该功能。

1. 启用指针输入

打开图 2-31 所示的"草图设置"对话框，切换至"动态输入"选项卡，选中"启用指针输入"复选框来启动指针输入功能。单击"指针输入"下的"设置"按钮，在打开的"指针输入设置"对话框中设置指针的"格式"和"可见性"，如图 2-32 所示。

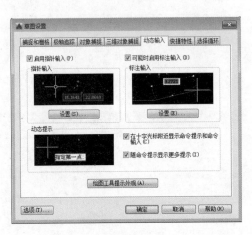

图 2-31

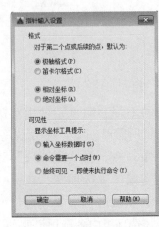

图 2-32

在执行某项命令时，启用指针输入功能，十字光标右侧工具栏中则会显示当前的坐标点。此时可在工具栏中输入新坐标点，而不用在命令行中进行输入。

2. 启用标注输入

在"动态输入"选项卡中，选中"可能时启用标注输入"复选框即可启用该功能。单击"标注输入"下的"设置"按钮，在打开的"标注输入的设置"对话框中，则可设置标注输入的可见性，如图 2-33 所示。

图 2-33

2.2 绘制点

无论是直线、曲线还是其他线段，都是由多个点连接而成的。所以点是组成图形最基本的元素。在 AutoCAD 软件中，点样式是可以根据需要进行设置的。

2.2.1 设置点样式

在默认情况下，点是没有长度和大小的，所以在绘图区中绘制一个点，用户则很难看见。为了能够清晰地显示出点的位置，用户可对点样式进行设置。在菜单栏中选择"格式"→"点样式"命令，在打开的"点样式"对话框中，选中所需的点的样式，并在"点大小"文本框中输入点的大小值即可，如图 2-34 所示。

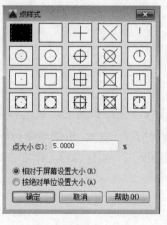

图 2-34

用户也可在命令行中输入"DDPTYPE"后按 Enter 键，同样也可打开"点样式"对话框，随后即可进行点样式的设置。

2.2.2 绘制单点和多点

完成点的设置后，在功能区的"默认"选项卡的"绘图"组中执行"多点。"命令，在绘图区中指定所需位置即可完成点的绘制。

下面将对点样式的设置与绘制进行介绍。

STEP 01 执行"格式"→"点样式"菜单命令，打开"点样式"对话框，选中所需设置的点样式，并在"点大小"文本框中输入点数值，单击"确定"按钮，如图 2-35 所示。

STEP 02 设置完成后，在绘图区中指定好点位置即可，如图 2-36 所示。

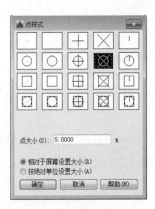

图 2-35

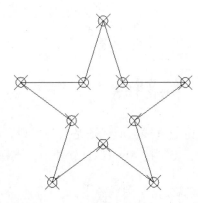

图 2-36

设置好点样式后，在命令行中输入"POINT"后按 Enter 键，在绘图区中，指定好点位置，同样也可完成点的绘制。命令行的提示及相关操作说明如下。

```
命令：_point
当前点模式：PDMODE=35  PDSIZE=-8.0000
指定点：                                    （指定点位置）
```

2.2.3 绘制定数等分点

定数等分是将选择的曲线或线段按照指定的段数进行平均等分。在功能区的"默认"选项卡的"绘图"组中执行"定数等分 ⚃"命令，根据命令行的提示，首先选择所需等分对象，然后输入等分数值并按 Enter 键即可，如图 2-37、图 2-38 所示。命令行的提示及相关操作说明如下。

```
命令：_divide
选择要定数等分的对象：                        （选择等分图形对象）
输入线段数目或 [ 块 (B)]: 4                （输入等分数值，按Enter键）
```

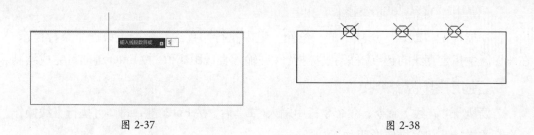

图 2-37   图 2-38

2.2.4 绘制定距等分点

定距命令是指在选定图形对象上，按照指定的长度放置点的标记符号。在功能区的"默认"选项卡的"绘图"组中执行"测量"命令，根据命令行提示，选择测量对象，并输入线段长度值，按 Enter 键即可，如图 2-39、图 2-40 所示。命令行的提示及相关操作说明如下。

命令：_measure
选择要定距等分的对象：   （选择所需图形对象）
指定线段长度或 [块 (B)]: 50   （输入线段长度值，按Enter键）

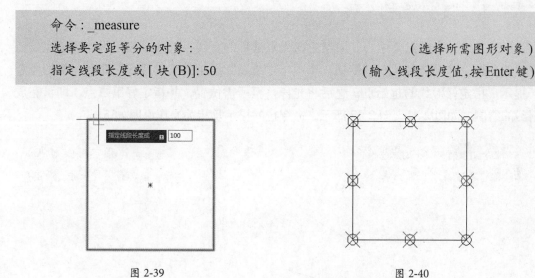

图 2-39   图 2-40

2.3 绘制线

在 AutoCAD 中线段的类型分为多种，其中包括直线、射线、构造线、多线及多段线等。线段是绘制图形的基础。下面将分别对其进行介绍。

2.3.1 绘制直线

在 AutoCAD 中执行直线命令的方法有两种：使用"直线"命令操作；使用快捷键进行操作。

1．使用"直线"命令操作

在功能区的"默认"选项卡的"绘图"组中执行"直线"命令，根据命令行提示，在绘图区中指定直线的起点，移动鼠标指针，并输入直线距离值，按Enter键即可完成绘制。

2．使用快捷键命令操作

若要执行"直线"命令，在命令行中输入"L"后，按 Enter 键，同样可执行直线操作。命令行的提示及相关操作说明如下。

命令：_line	
指定第一个点：	（指定直线起点）
指定下一点或 [放弃 (U)]：＜正交 开＞200	（输入线段下一点距离值）
指定下一点或 [放弃 (U)]：	（按 Enter 键，完成操作）

2.3.2　绘制射线和构造线

射线是以一个起点为中心，向某方向无限延伸的直线。射线一般用来作为创建其他直线的参照。从功能区执行"默认"选项卡"绘图"组中的"射线 "命令，根据命令行提示，指定好射线的起始点，之后将光标移至所需位置，并指定好第二点，即可完成射线的绘制，如图 2-41、图 2-42 所示。命令行的提示及相关操作说明如下。

命令：_ray 指定起点：	（指定射线起点）
指定通过点：	（指定射线方向）

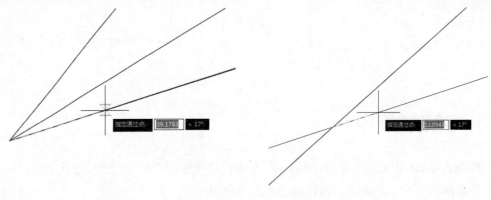

图 2-41　　　　　　　　　　　　　图 2-42

构造线是无限延伸的线，也可以用来作为创建其他直线的参照，可创建出水平、垂直或具有一定角度的构造线。从功能区执行"默认"选项卡"绘图"组中的"构造线"命令，在绘图区中，分别指定线段起点和端点，即可创建出构造线，这两个点就是构造线上的点。命令行的提示及相关操作说明如下。

命令: _xline
指定点或 [水平(H)/垂直(V)/角度(A)/二等分(B)/偏移(O)]:（指定构造线上的一点）
指定通过点: （指定构造线第二点）

2.3.3 绘制多线

多线一般是由多条平行线组成的对象，平行线之间的间距和数目是可以设置的。多线主要用于绘制建筑平面图中的墙体图形。通常在绘制多线时，需要对多线样式进行设置。下面对其相关知识进行介绍。

1．设置多线样式

在 AutoCAD 中，设置多线样式的操作方法有两种，即使用"多线样式"命令操作和使用快捷命令操作。

(1) 使用"多线样式"命令操作。在菜单栏中选择"格式"→"多线样式"命令，打开"多线样式"对话框，之后根据需要选择相关选项进行设置即可。

(2) 使用快捷命令操作。用户可在命令行中输入"MLSTYLE"命令，按 Enter 键，同样可打开"多线样式"对话框进行设置。

绘图技巧

在"多线样式"对话框中，默认为"STANDARD"样式。若要新建样式，可单击"新建"按钮，在弹出的"创建新的多线样式"对话框中，输入新样式的名称，单击"确定"按钮，其次在"修改多线样式"对话框中，根据需要进行设置，完成后返回上一层对话框，在"样式"列表框中选择新建的样式，单击"置为当前"按钮即可。

2．绘制多线

完成多线设置后，需通过"多线"命令进行绘制。用户可通过以下两种方法进行操作。

(1) 使用"多线"命令操作。在菜单栏中选择"绘图"→"多线"命令，在弹出的对话框中，设置多线比例和样式，之后指定多线起点，并输入线段长度值即可。

(2) 使用快捷命令操作。设置完多线样式后，在命令行中输入"ML"并按 Enter 键即可。命令行的提示及相关操作说明如下。

命令: ml   （输入"多线"快捷命令）
MLINE
当前设置: 对正 = 上，比例 = 20.00，样式 = STANDARD
指定起点或 [对正(J)/ 比例(S)/ 样式(ST)]: s   （选择"比例"选项）
输入多线比例 <20.00>: 240   （输入比例值）

CHAPTER 01

CHAPTER 02

CHAPTER 03

CHAPTER 04

CHAPTER 05

当前设置：对正 = 上，比例 = 240.00，样式 = STANDARD

指定起点或 [对正 (J)/ 比例 (S)/ 样式 (ST)]: j （选择 "对正" 选项）

输入对正类型 [上 (T)/ 无 (Z)/ 下 (B)]< 上 >: Z （选择对正类型）

当前设置：对正 = 无，比例 = 240.00，样式 = STANDARD

指定起点或 [对正 (J)/ 比例 (S)/ 样式 (ST)]: （指定多线起点）

指定下一点或 [闭合 (C)/ 放弃 (U)]: （绘制多线）

下面举例介绍多线绘制的具体操作。

STEP 01 在命令行中，输入 "ML" 后按 Enter 键。根据命令行中提示，将多线比例设为 "240"，将对正类型设为 "无"。

STEP 02 在绘图区中，指定好多线起点，将光标向左移动，并在命令行中输入多线距离值 2000，按 Enter 键，如图 2-43 所示。

STEP 03 将光标向上移动，并输入距离值为 3500，按 Enter 键，如图 2-44 所示。

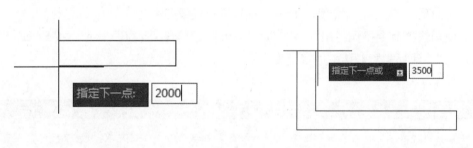

图 2-43   图 2-44

STEP 04 将光标向右移动，并输入数值 3000，按 Enter 键，如图 2-45 所示。

STEP 05 将光标向下移动，并输入数值 3500，按 Enter 键，其后按照同样的操作，将光标向左移动，并输入 300，按 Enter 键完成操作，如图 2-46 所示。

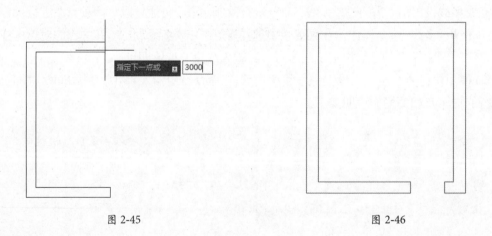

图 2-45   图 2-46

2.3.4　绘制多段线

　　多段线是由相连的直线和圆弧曲线组成的，在直线和圆弧曲线之间可进行自由切换。用户可以设置多段线的宽度，也可以在不同的线段中设置不同的线宽。此外，还可以设置线段的始末端点具有不同的线宽。

　　从功能区执行"默认"选项卡"绘图"组中的"多段线"命令，根据命令行中的提示，指定线段起点和终点即可完成多段线的绘制。当然用户也可在命令行中输入"PL"后按 Enter 键，同样可以绘制多段线。命令行的提示及相关操作说明如下。

> 命令：_pline
> 指定起点： 　　　　　　　　　　　　　　　　　　　　　　（指定多段线起点）
> 当前线宽为 0.0000
> 指定下一个点或 [圆弧 (A)/ 半宽 (H)/ 长度 (L)/ 放弃 (U)/ 宽度 (W)]： （输入线段长度，指定下一点）
> 指定下一点或 [圆弧 (A)/ 闭合 (C)/ 半宽 (H)/ 长度 (L)/ 放弃 (U)/ 宽度 (W)]：

2.3.5　绘制矩形和多边形

　　在绘制过程中，用户需要经常绘制方形、多边形对象，如矩形、正方形及正多边形等。下面分别对其绘制方法进行讲解。

1．绘制矩形

　　"矩形"命令是常用的命令之一，它可通过两个角点来定义。

　　从功能区执行"默认"选项卡"绘图"组中的"矩形"命令，在绘图区中指定一个点作为矩形的起点，再指定第二个点作为矩形的对角点，即可创建出一个矩形，如图 2-47、图 2-48 所示。命令行的提示及相关操作说明如下。

> 命令：_rectang
> 指定第一个角点或 [倒角 (C)/ 标高 (E)/ 圆角 (F)/ 厚度 (T)/ 宽度 (W)]：(指定第一个矩形角点)
> 指定另一个角点或 [面积(A)/ 尺寸(D)/ 旋转(R)]： @100,100 （输入矩形长度和宽度值)

图 2-47　　　　　　　　　　　　　　　　　图 2-48

命令行各选项说明如下。

- 倒角：使用该命令选项可绘制一个带有倒角的矩形，这时必须指定两个倒角的距离。
- 标高：使用该命令选项可指定矩形所在的平面高度。
- 圆角：使用该命令选项可绘制一个带有圆角的矩形，这时需输入倒角半径。
- 厚度：使用该命令选项可设置具有一定厚度的矩形。
- 宽度：使用该命令选项可设置矩形的线宽。

2．绘制正多边形

正多边形是由多条边长相等的闭合线段组合而成。各边相等，各角也相等的多边形称为正多边形。在默认情况下，正多边形的边数为 4。

从功能区执行"默认"选项卡"绘图"组中的"多边形"命令，根据命令行提示，输入所需边数值，其后指定多边形中心点，并根据需要指定圆类型和圆半径值，即可完成绘制，如图 2-49、图 2-50 所示。命令行的提示及相关操作说明如下。

命令：_polygon	
输入侧面数 <4>: 5	（输入多边形边数值5）
指定正多边形的中心点或 [边 (E)]:	（指定多边形中心点）
输入选项 [内接于圆 (I)/ 外切于圆 (C)] <I>: I	（选择圆类型选项）
指定圆的半径：50	（输入圆半径数值50）

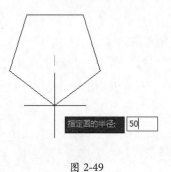

图 2-49

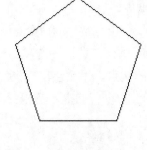

图 2-50

2.4 绘制曲线

使用曲线绘图是最常用的绘图方式之一。在 AutoCAD 软件中，曲线功能主要包括圆弧、圆、椭圆和椭圆弧等。下面分别对其操作进行介绍。

2.4.1 绘制圆

在制图过程中，"圆"命令是常用命令之一。用户可使用以下两种方法进行圆形的绘制。

1. 使用"圆"命令绘制

从功能区执行"默认"选项卡"绘图"组中的"圆◎"命令，根据命令行提示信息，在绘图区中，指定圆的中心点，其后输入圆半径值，即可创建圆。

2. 使用快捷命令绘制

用户可在命令行中直接输入"C"后按 Enter 键，即可根据命令提示进行绘制。命令行的提示及相关操作说明如下。

> 命令：_circle
> 指定圆的圆心或 [三点 (3P)/ 两点 (2P)/ 切点、切点、半径 (T)]:　　（指定圆心点）
> 指定圆的半径或 [直径 (D)]: 50　　　　　　　　　　　　　　（输入圆半径值 50)

在 AutoCAD 软件中，可通过 6 种模式绘制圆形，分别为："圆心、半径"模式；"圆心、直径"模式；"两点"模式；"三点"模式；"相切、相切、半径"模式；"相切、相切、相切"模式。

(1)"圆心、半径"模式：该模式是通过指定圆心位置和半径值进行绘制。该模式为默认模式，如图 2-51、图 2-52 所示。

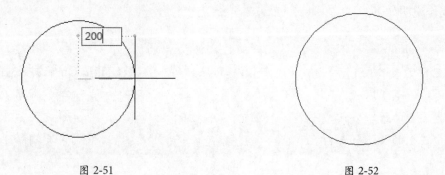

图 2-51　　　　　　　　　　　　　　　　　图 2-52

(2)"圆心、直径◎"模式：该模式是通过指定圆心位置和直径值进行绘制。命令行的提示及相关操作说明如下。

> 命令：_circle
> 指定圆的圆心或 [三点 (3P)/ 两点 (2P)/ 切点、切点、半径 (T)]:　　（指定圆心点）
> 指定圆的半径或 [直径 (D)] <200.0000>: _d 指定圆的直径 <400.0000>: 200(输入直径值)

(3)"两点◎"模式：该模式是通过指定圆周上两点进行绘制，如图 2-53、图 2-54 所示。命令行的提示及相关操作说明如下。

命令：_circle

指定圆的圆心或 [三点 (3P)/ 两点 (2P)/ 切点、切点、半径 (T)]：_2p 指定圆直径的第一个端点 :(指定圆 1 个端点)

指定圆直径的第二个端点 : 200　　　　（指定第 2 个端点，或输入两端之间的距离值）

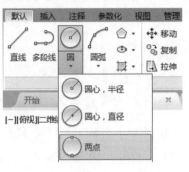

图 2-53

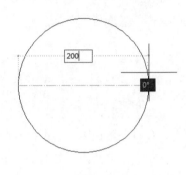

图 2-54

(4)"三点 ⊙"模式：该模式是通过指定圆周上三点进行绘制。第一个点为圆的起点，第二个点为圆的直径点，第三个点为圆上的点，如图 2-55、图 2-56 所示。命令行的提示及相关操作说明如下。

命令：_circle

指定圆的圆心或 [三点 (3P)/ 两点 (2P)/ 切点、切点、半径 (T)]：_3p 指定圆上的第一个点：　　　　　　　　　　　　　　　　　　　　　　　　（指定圆第 1 点）

指定圆上的第二个点：　　　　　　　　　　　　　　　　　　　（指定圆第 2 点）

指定圆上的第三个点：　　　　　　　　　　　　　　　　　　　（指定圆第 3 点）

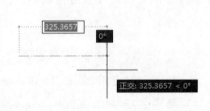

图 2-55

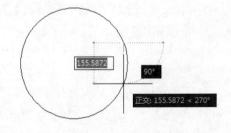

图 2-56

(5)"相切、相切、半径 ⊙"模式：该模式是通过先指定两个相切对象，然后指定半径值进行绘制。在使用该命令时所选的对象必须是圆或圆弧曲线，第一个点为第一组曲线上的相切点，如图 2-57 至图 2-59 所示。命令行的提示及相关操作说明如下。

命令：_circle

指定圆的圆心或 [三点 (3P)/ 两点 (2P)/ 切点、切点、半径 (T)]: _ttr

指定对象与圆的第一个切点：   （捕捉第 1 个切点）

指定对象与圆的第二个切点：   （捕捉第 2 个切点）

指定圆的半径 <34.2825>: 40   （输入相切圆半径）

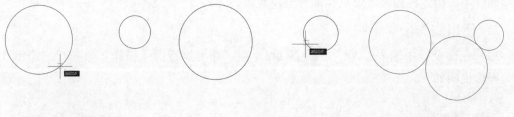

图 2-57   图 2-58   图 2-59

 专家技巧　绘制相切圆需注意

　　使用"相切、相切、半径"模式绘制圆形时，如果指定的半径太小，无法满足相切条件，则系统会提示该圆不存在。

　　(6) 相切、相切、相切◎：该模式通过指定与已经存在的圆弧或圆对象相切的 3 个切点来绘制圆。首先在第 1 个圆或圆弧上指定第 1 个切点，然后在第 2 个、第 3 个圆或圆弧上分别指定切点后，即可完成创建，如图 2-60 至图 2-62 所示。命令行的提示及相关操作说明如下。

命令：_circle

指定圆的圆心或 [三点 (3P)/ 两点 (2P)/ 切点、切点、半径 (T)]: _3p 指定圆上的第一个点：_tan 到   （捕捉第 1 个圆上的切点）

指定圆上的第二个点：_tan 到   （捕捉第 2 个圆上的切点）

指定圆上的第三个点：_tan 到   （捕捉第 3 个圆上的切点）

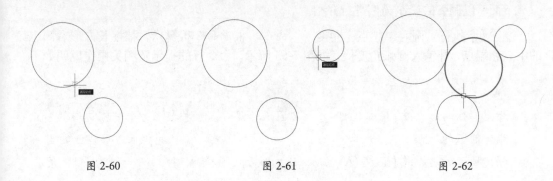

图 2-60   图 2-61   图 2-62

2.4.2 绘制圆弧

圆弧是圆的一部分，绘制圆弧一般需要指定 3 个点，即圆弧的起点、圆弧上的点和圆弧的端点。用户可使用以下两种方法绘制圆弧。

1. 使用"圆弧"命令绘制

从功能区执行"默认"选项卡"绘图"组中的"圆弧 ⌒"命令，根据命令行提示信息，在绘图区中，指定好圆弧 3 个点，即可创建圆弧。

2. 使用快捷命令绘制

用户在命令行中输入"AR"后，按 Enter 键，即可执行圆弧操作。命令行的提示及相关操作说明如下。

```
命令：_arc
指定圆弧的起点或 [ 圆心 (C)]:                          （指定圆弧起点）
指定圆弧的第二个点或 [ 圆心 (C)/ 端点 (E)]:             （指定圆弧第 2 点）
指定圆弧的端点：                                       （指定圆弧第 3 点）
```

在 AutoCAD 中，用户可通过多种模式绘制圆弧，其中包括"三点"模式、"起点、圆心"模式、"起点、端点"模式、"圆心、起点"模式及"连续"模式等，而"三点"模式为默认模式。

- "三点"模式：该模式是通过指定 3 个点来创建一条圆弧曲线，第一个点为圆弧的起点，第二个点为圆弧上的点，第三个点为圆弧的端点。
- "起点、圆心"模式：该模式指定圆弧的起点和圆心进行绘制。使用该方法绘制圆弧还需要指定它的端点、角度或长度。
- "起点、端点"模式：该模式指定圆弧的起点和端点进行绘制。使用该方法绘制圆弧还需要指定圆弧的半径、角度或方向。
- "圆心、起点"模式：该模式指定圆弧的圆心和起点进行绘制。使用该方法绘制圆弧还需要指定它的端点、角度或长度。
- "连续"模式：使用该模式绘制的圆弧将与最后一个创建的对象相切。

下面将以圆弧的绘制为例进行介绍。

STEP 01 执行"圆心、起点、角度 ⌒"命令，根据命令行提示，捕捉长方形右侧边线的中点和端点，并输入圆弧角度值，如图 2-63 所示。命令行的提示及相关操作说明如下。

```
命令：_arc
指定圆弧的起点或 [ 圆心 (C)]: _c 指定圆弧的圆心：   （捕捉长方形一侧边线的中点）
指定圆弧的起点：                                    （捕捉长方形边线的端点）
指定圆弧的端点或 [ 角度 (A)/ 弦长 (L)]: _a 指定包含角：180    （输入圆弧角度）
```

STEP 02 设置完成后，即可完成圆弧的绘制，如图 2-64 所示。

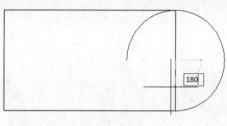

图 2-63

图 2-64

STEP 03 执行"起点、圆心、端点 "命令，捕捉长方形另一边线的起点、圆心和端点，如图 2-65 所示。

STEP 04 指定完成后完成圆弧的绘制。最后删除长方形两侧的边线，如图 2-66 所示。命令行的提示及相关操作说明如下。

命令：_arc

指定圆弧的起点或 [圆心 (C)]: （捕捉长方形另一侧边线端点）

指定圆弧的第二个点或 [圆心 (C)/ 端点 (E)]: _c 指定圆弧的圆心： （捕捉中点）

指定圆弧的端点或 [角度 (A)/ 弦长 (L)]: （捕捉第 2 个端点）

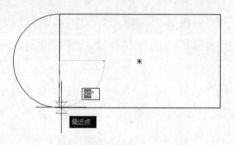

图 2-65

图 2-66

2.4.3 绘制椭圆

椭圆有长半轴和短半轴之分，长半轴与短半轴的值决定了椭圆曲线的形状，用户通过设置椭圆的起始角度和终止角度可以绘制椭圆弧。

从功能区执行"默认"选项卡"绘图"组中的"椭圆 "命令，根据命令行提示信息，指定圆心的中点，其后移动光标，指定椭圆短半轴和长半轴的数值，即可完成椭圆的绘制，如图 2-67 至图 2-69 所示。命令行的提示及相关操作说明如下。

命令：_ellipse

指定椭圆的轴端点或 [圆弧 (A)/ 中心点 (C)]: _c

指定椭圆的中心点： （指定椭圆中心点）

指定轴的端点：100 （指定长半轴长度）

指定另一条半轴长度或 [旋转 (R)]: 50 （指定短半轴长度）

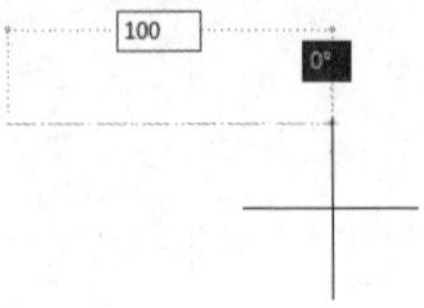

AutoCAD 2016
辅助设计与制作案例技能实训教程

CHAPTER 01

CHAPTER 02

CHAPTER 03

CHAPTER 04

CHAPTER 05

图 2-67 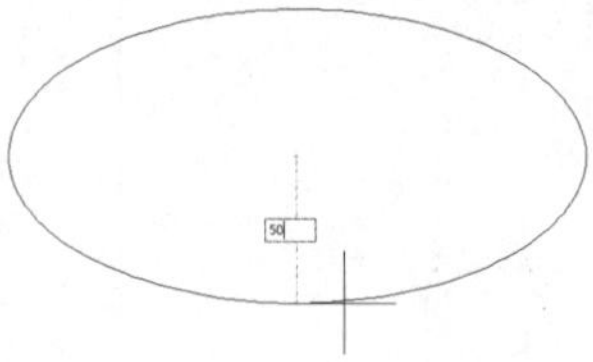   图 2-68 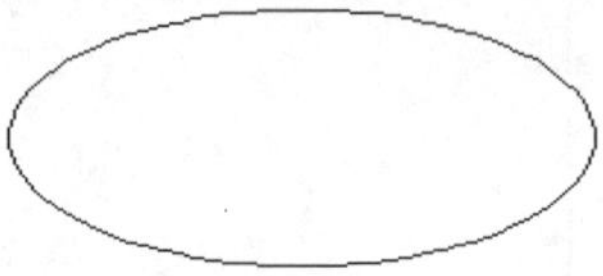   图 2-69

椭圆的绘制模式有 3 种，分别为"圆心"模式、"轴、端点"模式和"椭圆弧"模式。其中"圆心"模式为系统默认绘制椭圆的模式。

- "圆心"模式：该模式是指定一个点作为椭圆曲线的圆心点，然后分别指定椭圆曲线的长半轴长度和短半轴长度。
- "轴、端点"模式：该模式是指定一个点作为椭圆曲线半轴的起点，指定第二个点为长半轴（或短半轴）的端点，指定第三个点为短半轴（或长半轴）的端点。
- "椭圆弧"模式：该模式的创建方法与轴、端点的创建方式相似。使用该方法创建的椭圆可以是完整的椭圆，也可以是其中的一段圆弧。

2.4.4 绘制圆环

圆环是由两个圆心相同、半径不同的圆组成的。圆环分为填充环和实体填充圆，即带有宽度的闭合多段线。绘制圆环时，应首先指定圆环的内径、外径，然后指定圆环的中心点即可完成圆环的绘制。

从功能区执行"默认"选项卡"绘图"组中的"圆环◎"命令，根据命令行提示，指定好圆环的内、外径大小，即可完成圆环的绘制。命令行的提示及相关操作说明如下。

```
命令：_donut
指定圆环的内径 <24.8308>: 50                          （指定圆环内径值）
指定圆环的外径 <50.0000>: 20                          （指定圆环外径值）
指定圆环的中心点或 < 退出 >:                          （指定圆弧中心点位置）
指定圆环的中心点或 < 退出 >: * 取消 *
```

2.4.5 绘制螺旋线

螺旋线常被用来创建具有螺旋特征的曲线，螺旋线的底面半径和顶面半径决定了螺旋线的形状，用户还可以控制螺旋线的圈间距。

从功能区执行"默认"选项卡"绘图"组中的"螺旋➿"命令，根据命令行提示，指定螺旋底面中心点，并输入底面半径值和螺旋顶面半径值及螺旋线高度值，即可完成绘制，如图 2-70、图 2-71 所示。命令行的提示及相关操作说明如下。

命令：_Helix

圈数 = 3.0000　扭曲 =CCW

指定底面的中心点：

指定底面半径或 [直径 (D)] <1.0000>: 50　　　　　　　　　　　　（输入底面半径值）

指定顶面半径或 [直径 (D)] <50.0000>: 100　　　　　　　　　　（输入顶面半径值）

指定螺旋高度或 [轴端点 (A)/ 圈数 (T)/ 圈高 (H)/ 扭曲 (W)] <1.0000>: 50

　　　　　　　　　　　　　　　　　　　　　　　　　　　　　　（输入螺旋高度值）

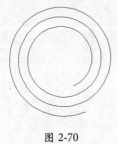

图 2-70

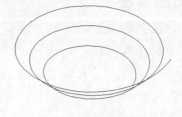

图 2-71

2.4.6　绘制样条曲线

样条曲线是一种较为特别的线段。它是通过一系列指定点的光滑曲线，用来绘制不规则的曲线图形。适用于表达各种具有不规则变化曲率半径的曲线。在 AutoCAD 2016 软件中，样条曲线可分为两种绘制模式，分别为"样条曲线拟合"和"样条曲线控制点"。

● 样条曲线拟合 ⟿：该模式是使用曲线拟合点来绘制样条曲线，如图 2-72 所示。

● 样条曲线控制点 ⟿：该模式是使用曲线控制点来绘制样条曲线的。使用该模式绘制出的曲线较为平滑，如图 2-73 所示。

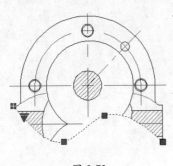

图 2-72

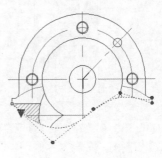

图 2-73

【自己练】

项目练习1　绘制麻将桌平面图

🖥 **图纸展示，如图 2-74 所示。**

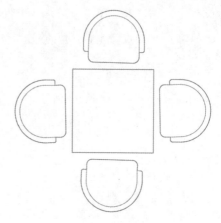

🖥 **绘图要领：**

　(1) 设置绘图环境。

　(2) 绘制矩形、圆弧。

图 2-74

项目练习2　绘制组合沙发

🖥 **图纸展示，如图 2-75 所示。**

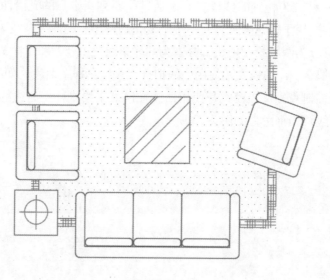

图 2-75

🖥 **绘图要领：**

　(1) 沙发比例大小要准确。

　(2) 拉伸、修剪等命令应用。

　(3) 沙发圆角设置。

第3章

绘制客厅立面图
——编辑二维图形详解

本章概述：

    客厅是家居设计中重点设计区域，立面图是设计过程中不可缺少的一部分，立面主要表现立面造型、造型尺寸、材料说明。本章将对立面图形绘制方法及其图形的编辑知识进行详细介绍。

要点难点：

图形的选择　★☆☆

图形的复制　★★☆

图形的修剪与拉伸　★★☆

图形的合并与分解　★★☆

图形的倒角　★★☆

图案的填充　★★★

客厅立面图的绘制　★★★

案例预览：

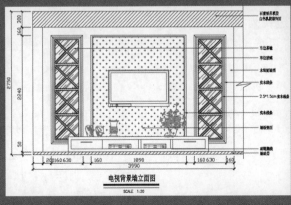

户型图的绘制

AutoCAD 2016
辅助设计与制作案例技能实训教程

CHAPTER 01
CHAPTER 02
CHAPTER 03
CHAPTER 04
CHAPTER 05

【跟我练】 绘制客厅 A 立面图

🖥 案例描述

本章主要是客厅立面图绘制，首先绘制立面造型，主要应用到 AutoCAD 2016 绘图命令和修改命令，然后应用标注命令标注立面尺寸和文字说明。

🖥 制作过程

在此，将首先对立面图例的绘制过程进行介绍。

STEP 01 执行"OS"命令，打开"草图设置"对话框，选中"启用极轴追踪"复选框，设置"增量角"为 45°，如图 3-1 所示。

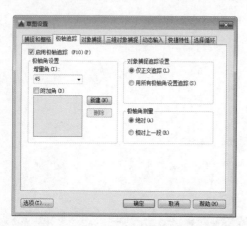

图 3-1

STEP 02 执行"直线"命令，单击"极轴追踪"按钮，绘制边长为 300mm 的等边三角形，如图 3-2 所示。

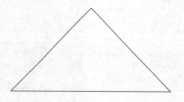

图 3-2

STEP 03 执行"圆"命令，以三角形底边中心点为圆心绘制半径为 120mm 的圆，如图 3-3 所示。

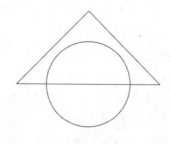

图 3-3

STEP 04 执行"图案填充"命令，拾取填充范围，选择填充图案"SOLID"，其他参数保持默认，如图 3-4 所示。

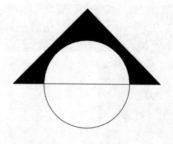

图 3-4

STEP 05 执行"复制"命令和"旋转"命令，复制图标，执行"移动"命令，调整图标位置，如图 3-5 所示。

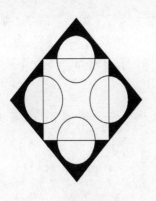

图 3-5

STEP **06** 执行"修剪"命令，修剪两边圆形内的直线，执行"直线"命令，绘制直线，如图 3-6 所示。

图 3-6

STEP **07** 执行"多行文字"命令，绘制标注文字，执行"复制"命令，复制文字，双击文字更改文字内容，如图 3-7 所示。

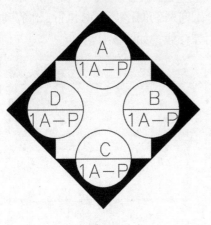

图 3-7

STEP **08** 执行"移动"命令，将图标移动至客厅位置，如图 3-8 所示。

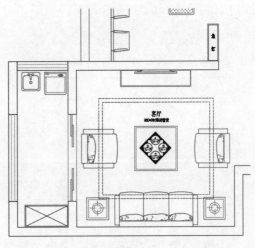

图 3-8

接下来将讲解立面造型的绘制方法。

STEP **01** 执行"直线"命令，根据平面尺寸图绘制客厅立面外框，如图 3-9 所示。

图 3-9

STEP **02** 执行"多段线"命令，绘制折断符号，执行"延伸"命令，延伸直线，如图 3-10 所示。

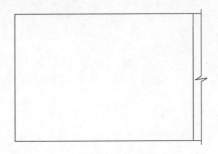

图 3-10

CHAPTER 01

CHAPTER 02

CHAPTER 03

CHAPTER 04

CHAPTER 05

STEP 03 执行"偏移"命令,将顶面直线向下偏移 300mm 绘制吊顶层,将地面直线向上偏移 50mm 绘制地砖层,如图 3-11 所示。

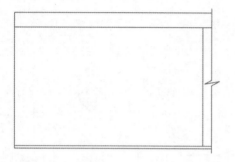

图 3-11

STEP 04 执行"图案填充"命令,拾取填充范围,选择填充图案为"ANSI31",设置填充比例为 15,填充顶面和地面,如图 3-12 所示。

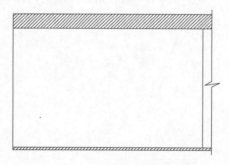

图 3-12

STEP 05 执行"偏移"命令,将左边直线依次向右偏移 200mm、950mm,将右边直线向左偏移 950mm,如图 3-13 所示。

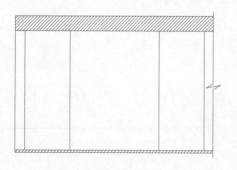

图 3-13

STEP 06 执行"矩形"命令,捕捉对角点绘制矩形,再执行"偏移"命令,将矩形依次向内偏移 35mm、15mm,如图 3-14 所示。

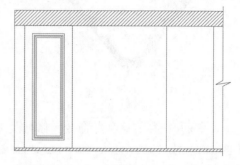

图 3-14

STEP 07 执行"分解"命令,将内部矩形分解,执行"定数等分"命令,将直线等分为 3 段,最后执行"直线"命令,连接直线,如图 3-15 所示。

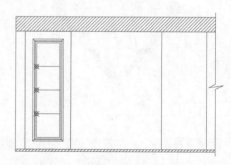

图 3-15

STEP 08 执行"直线"命令,将等分直线分别向两侧偏移 15mm,执行"删除"命令,删除等分线,如图 3-16 所示。

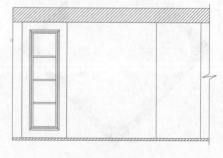

图 3-16

STEP 09 执行"直线"命令,连接对角线,执行"偏移"命令和"修剪"命令,修剪直线,如图 3-17 所示。

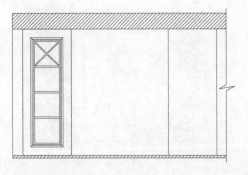

图 3-17

STEP 10 执行"多段线"命令,沿着三角形边绘制直线,执行"偏移"命令,将绘制的多段线向内偏移 10mm,如图 3-18 所示。

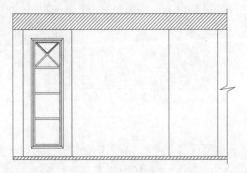

图 3-18

STEP 11 执行"镜像"命令复制多段线,执行"直线"命令,绘制对角直线,如图 3-19 所示。

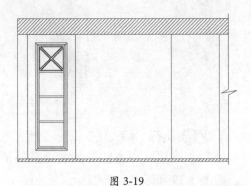

图 3-19

STEP 12 执行"图案填充"命令,填充造型,拾取填充范围,选择填充图案"AR-RROOF",设置填充角度为 45,设置填充比例为 5,如图 3-20 所示。

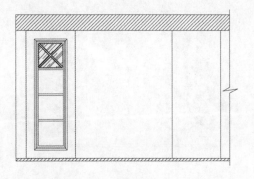

图 3-20

STEP 13 执行"复制"命令,依次向下复制造型,如图 3-21 所示。

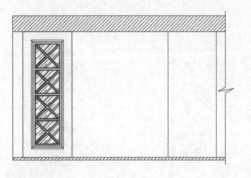

图 3-21

STEP 14 执行"镜像"命令,以垂直方向为镜像轴,向右镜像复制造型,如图 3-22 所示。

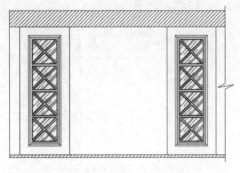

图 3-22

STEP **15** 执行"偏移"命令，将顶面直线向下偏移 160mm 绘制辅助线，执行"多段线"命令，绘制多段线，执行"删除"命令，删除辅助直线，如图 3-23 所示。

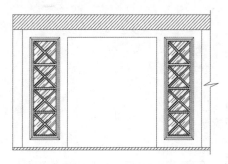

图 3-23

STEP **16** 执行"偏移"命令，将多段线依次向内偏移 35mm、15mm，绘制大理石线条，如图 3-24 所示。

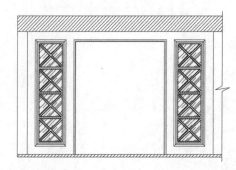

图 3-24

STEP **17** 执行"矩形"命令，设置矩形尺寸为 2800mm×300mm，绘制矩形电视柜，执行"偏移"命令，将矩形向内偏移 60mm，如图 3-25 所示。

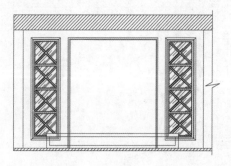

图 3-25

STEP **18** 执行"直线"命令，绘制电视柜竖向隔板，执行"偏移"命令，偏移隔板，如图 3-26 所示。

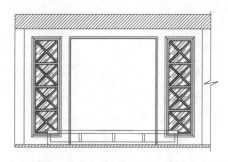

图 3-26

STEP **19** 执行"修剪"命令，选择电视柜矩形边作为修剪边界，修剪立面造型，如图 3-27 所示。

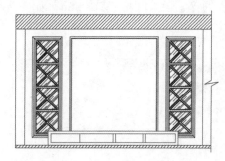

图 3-27

STEP **20** 执行"矩形"命令，设置矩形尺寸为 2200mm×10mm，设置绘制柜子把手，如图 3-28 所示。

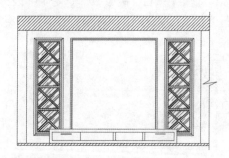

图 3-28

STEP **21** 执行"插入块"命令，插入电视机模型，使用同样方法导入装饰品等模型，如图 3-29 所示。

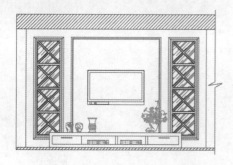

图 3-29

STEP **22** 执行"图案填充"命令，拾取填充范围，选择填充图案为"CROSS"，设置填充比例为10，如图 3-30 所示。

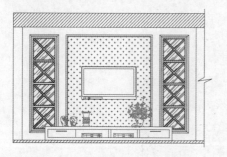

图 3-30

完成立面图形的绘制后，接下来对该图形实施标注操作。

STEP **01** 打开新建"标注样式"对话框，新建样式"020"，设置线参数，如图 3-31 所示。

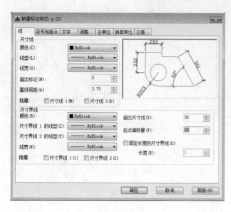

图 3-31

STEP **02** 在弹出对话框中选择"符号和箭头"选项卡，更改第一、第二个箭头为"建

筑标记"，如图 3-32 所示。

图 3-32

STEP **03** 切换到"文字"选项卡，所有参数值保持默认，如图 3-33 所示。

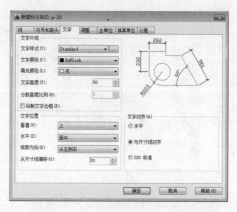

图 3-33

STEP **04** 切换到"主单位"选项卡，设置"精度"为"0"，如图 3-34 所示。

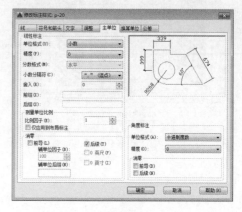

图 3-34

STEP 05 执行"线性标注"命令和"快速标注"命令，标注立面尺寸，执行"删除"命令，删除辅助线，如图 3-35 所示。

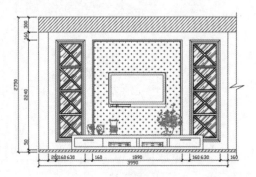

图 3-35

STEP 06 执行"引线"命令，标注材料名称，如图 3-36 所示。

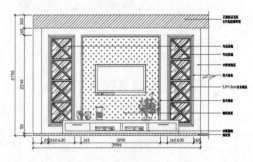

图 3-36

STEP 07 执行"多段线"命令和"多行文字"命令，绘制图例说明，如图 3-37 所示。

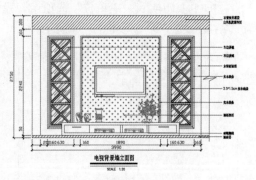

图 3-37

【听我讲】

3.1 选取图形

用户要对图形进行编辑时，就需要对图形进行选取。正确选取图形对象，可以提高作图效率。在 AutoCAD 中，图形的选取方式有多种，下面分别对其进行介绍。

1. 点选图形方式

点选的方法较为简单，用户只需直接选取图形对象即可。当用户在选择某图形时，只需将光标放置在该图形上，然后单击该图形即可选中。当图形被选中后，会显示该图形的夹点。若要选择多个图形，则只需单击其他图形即可。

该方法选择图形较为简单，直观，但其精确度不高。如果在较为复杂的图形中进行选取操作，往往会出现误选或漏选现象。

2. 框选图形方式

在选择大量图形时，使用框选方式较为合适。选择图形时，用户只需在绘图区中指定框选起点，移动光标至合适位置，如图 3-38 所示。此时在绘图区中则会显示矩形窗口，而在该窗口内的图形将被选中，选择完成后再次单击即可，如图 3-39 所示。

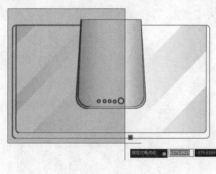

图 3-38　　　　　　　　　　　　　　　　图 3-39

框选的方式分为两种：一种是从左至右框选；另一种则是从右至左框选。使用这两种方式都可进行图形的选择。

- 从左至右框选，称为窗口选择，而其位于矩形窗口内的图形将被选中，窗口外图形将不能被选中。
- 从右至左框选，称为窗交选择，其操作方法与窗口选择相似，它同样也可创建矩形窗口，并选中窗口内所有图形。与窗口方式不同的是，在进行框选时，与矩形窗口相交的图形也可被选中，如图 3-40、图 3-41 所示。

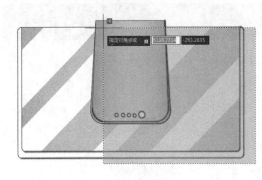

图 3-40

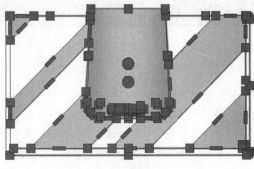

图 3-41

3．围选图形方式

使用围选的方式来选择图形，其灵活性较大。它可通过不规则图形围选所需选择的图形。围选的方式可分为圈围和圈交两种。

1) 圈围

圈围是一种多边形窗口选择方法，其操作与窗口、窗交方式相似。用户在要选择图形任意位置指定一点，然后在命令行中输入"WP"并按 Enter 键，接着在绘图区中指定其他拾取点，通过不同的拾取点构成任意多边形，如图 3-42 所示。在该多边形内的图形将被选中，选择完成后，按 Enter 键即可，如图 3-43 所示。命令行的提示及相关操作说明如下。

```
命令：                                                    （指定圈围起点）
指定对角点或 [ 栏选 (F)/ 圈围 (WP)/ 圈交 (CP)]: wp      （输入"WP"圈围选项）
指定直线的端点或 [ 放弃 (U)]:
指定直线的端点或 [ 放弃 (U)]:                    （选择其他拾取点，按 Enter 键完成）
```

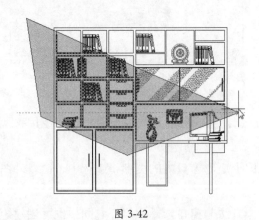

图 3-42

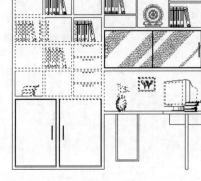

图 3-43

2) 圈交

圈交与窗交方式相似。它是绘制一个不规则的封闭多边形作为交叉窗口来选择图形对象的。完全包围在多边形中的图形与多边形相交的图形将被选中。用户只需在命令行中，

输入 "CP" 按 Enter 键，即可进行选取操作，如图 3-44、图 3-45 所示。命令行的提示及相关操作说明如下。

> 命令：指定对角点或 [栏选 (F)/ 圈围 (WP)/ 圈交 (CP)]: cp
>
> （输入 CP 选择 "圈交"，按 Enter 键）
>
> 指定直线的端点或 [放弃 (U)]: （圈选图形，按 Enter 键完成操作）

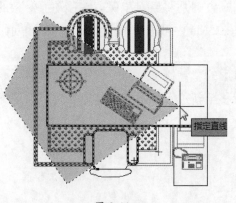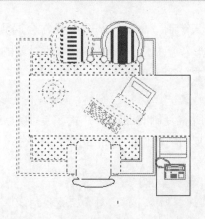

图 3-44   图 3-45

4. 栏选图形方式

栏选方式是利用一条开放的多段线进行图形的选择，其所有与该线段相交的图形都会被选中。在对复杂图形进行编辑时，常使用栏选方式，可方便地选择连续的图形。用户只需在命令行中输入 "F" 并按 Enter 键，即可选择图形，如图 3-46、图 3-47 所示。命令行的提示及相关操作说明如下。

> 命令：指定对角点或 [栏选 (F)/ 圈围 (WP)/ 圈交 (CP)]: f （输入 "F"，选择 "栏选" 选项）
>
> 指定下一个栏选点或 [放弃 (U)]: （选择下一个拾取点）

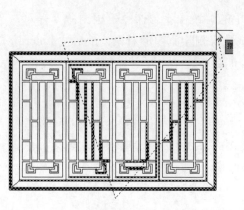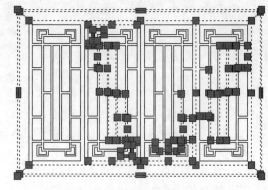

图 3-46   图 3-47

3.2 复制图形

在 AutoCAD 软件中，若想快速绘制多个图形，可以使用复制、偏移、镜像、阵列等命令进行绘制。灵活运用这些命令，可提高绘图效率。

3.2.1 复制图形

"复制"命令在制图中经常会遇到。复制对象则是将原对象保留，移动原对象的副本图形，复制后的对象将继承原对象的属性。在 CAD 中可进行单个复制，当然也可根据需要进行连续复制。

从功能区执行"默认"选项卡"修改"组中的"复制 🖧"命令，根据命令行提示，选择所需复制的图形，并指定复制基点，然后移至新位置即可完成复制操作。命令行的提示及相关操作说明如下。

> 命令：_copy
> 选择对象：指定对角点：找到 30 个
> 选择对象： （选择所需复制图形）
> 当前设置：复制模式 = 多个
> 指定基点或 [位移 (D)/ 模式 (O)] ＜位移＞： （指定复制基点）
> 指定第二个点或 [阵列 (A)] ＜使用第一个点作为位移＞： （指定新位置，完成）
> 指定第二个点或 [阵列 (A)/ 退出 (E)/ 放弃 (U)] ＜退出＞：* 取消 *

3.2.2 镜像图形

镜像图形是将选择的图形以两个点为镜像中心进行对称复制。在进行镜像操作时，用户需指定好镜像轴线，并根据需要选择是否删除或保留原对象。灵活运用镜像命令，可在很大程度上避免重复操作的麻烦。

从功能区执行"默认"选项卡"修改"组中的"镜像 ⚊"命令，根据命令提示，选择所需图形对象，然后指定好镜像轴线，并确定是否删除原图形对象，最后按 Enter 键，即可完成镜像操作。命令行的提示及相关操作说明如下。

> 命令：_mirror
> 选择对象：指定对角点：找到 9 个 （选中需要镜像的图形）
> 选择对象：指定镜像线的第一点：指定镜像线的第二点：(指定镜像轴的起点和终点)
> 要删除源对象吗？ [是 (Y)/ 否 (N)] ＜N＞： （选择是否删除原对象）

下面将举例介绍镜像命令的使用方法。

STEP **01** 执行"镜像"命令，根据命令行提示，选中需镜像的图形对象，如图 3-48 所示。

STEP 02 选中镜像轴线的起点，这里选择 A 点，如图 3-49 所示。

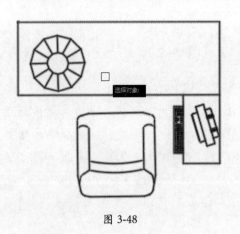

图 3-48

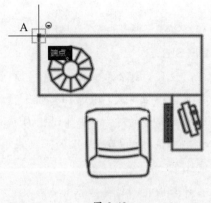

图 3-49

STEP 03 选中镜像轴线的端点，这里选择 B 点 (见图 3-50)，选择完成后按 Enter 键，即可完成镜像操作，其结果如图 3-51 所示。

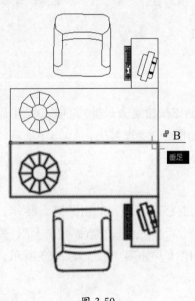

图 3-50

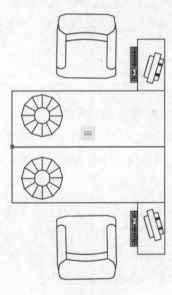

图 3-51

3.2.3　偏移图形

　　"偏移"命令是可根据指定的距离或指定的某个特殊点，创建一个与选定对象类似的新对象，并将偏移的对象放置在离原对象一定距离的位置上，同时保留原对象。偏移的对象可以是直线、圆弧、圆、椭圆、椭圆弧、二维多段线、构造线、射线和样条曲线组成的对象。

　　从功能区执行"默认"选项卡"修改"组中的"偏移 ⚏"命令，根据命令提示，输入偏移距离，并选择所需偏移的图形，然后在所需偏移方向上单击任意一点，即可完成偏移操作。当然用户也可在命令行中直接输入"O"后按 Enter 键，也可执行偏移命令。命令行的提示及相关操作说明如下。

```
命令：o
OFFSET
当前设置：删除源 = 否  图层 = 源  OFFSETGAPTYPE=0
指定偏移距离或 [ 通过 (T)/ 删除 (E)/ 图层 (L)] < 通过 >: 100        ( 输入偏移距离 )
选择要偏移的对象，或 [ 退出 (E)/ 放弃 (U)] < 退出 >:              ( 选择偏移对象 )
指定要偏移的那一侧上的点，或 [ 退出 (E)/ 多个 (M)/ 放弃 (U)] < 退出 >:( 指定偏
移方向上的一点 )
选择要偏移的对象，或 [ 退出 (E)/ 放弃 (U)] < 退出 >: * 取消 *
```

绘图技巧

执行偏移命令时，如果偏移的对象是直线，则偏移后的直线大小不变；如果偏移的对象是圆、圆弧和矩形，其偏移后的对象将被缩小或放大。

3.2.4　阵列图形

"阵列"命令是一种有规则的复制命令，它可创建按指定方式排列的多个图形副本。如果用户遇到一些有规则分布的图形时，就可以使用该命令来解决。AutoCAD 软件提供了 3 种阵列选项，分别为矩形阵列、环形阵列及路径阵列。

1．矩形阵列

矩形阵列是通过设置行数、列数、行偏移和列偏移来对选择的对象进行复制。从功能区执行"默认"选项卡"修改"组中的"矩形阵列▦"命令，根据命令行提示，输入行数、列数及间距值，按 Enter 键即可完成矩形阵列操作，如图 3-52、图 3-53 所示。命令行的提示及相关操作说明如下。

```
命令：_arrayrect
选择对象：指定对角点：找到 12 个
选择对象：                                            ( 选择阵列对象 )
类型 = 矩形  关联 = 是
选择夹点以编辑阵列或 [ 关联 (AS)/ 基点 (B)/ 计数 (COU)/ 间距 (S)/ 列数 (COL)/ 行
数 (R)/ 层数 (L)/ 退出 (X)] < 退出 >: cou              ( 选择"计数"选项 )
输入列数数或 [ 表达式 (E)] <4>: 2                      ( 输入列数值 )
输入行数数或 [ 表达式 (E)] <3>: 4                      ( 输入行数值 )
```

选择夹点以编辑阵列或 [关联 (AS)/ 基点 (B)/ 计数 (COU)/ 间距 (S)/ 列数 (COL)/ 行数 (R)/ 层数 (L)/ 退出 (X)] ＜退出＞: s　　　　　　　　　　　　(选择 "间距" 选项)

指定列之间的距离或 [单位单元 (U)] ＜420＞: 340　　　　　　(输入列间距值)

指定行之间的距离 ＜555＞:430　　　　　　　　　　　　(输入行间距值)

选择夹点以编辑阵列或 [关联 (AS)/ 基点 (B)/ 计数 (COU)/ 间距 (S)/ 列数 (COL)/ 行数 ®/ 层数 (L)/ 退出 (X)] ＜退出＞:

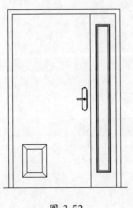

图 3-52

图 3-53

当执行 "阵列" 命令后,在功能区中则会打开 "阵列" 面板,在该面板中,用户可对阵列后的图形进行编辑或修改,如图 3-54 所示。

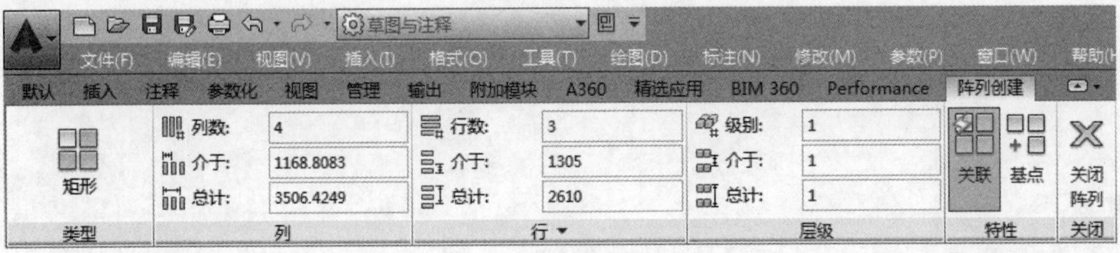

图 3-54

2. 环形阵列

环形阵列是指阵列后的图形呈环形。使用环形阵列时也需要设定有关参数,其中包括中心点、方法、项目总数和填充角度。与矩形阵列相比,环形阵列创建出的阵列效果更灵活。从功能区执行 "默认" 选项卡 "修改" 组中的 "环形阵列 " 命令,根据命令行提示,指定阵列中心,并输入阵列数目值即可完成环形阵列,如图 3-55、图 3-56 所示。命令行的提示及相关操作说明如下。

命令:_arraypolar

选择对象:指定对角点:找到 13 个

选择对象:　　　　　　　　　　　　　　　　　　(选中所需阵列的图形)

类型 = 极轴 关联 = 是

指定阵列的中心点或 [基点 (B)/ 旋转轴 (A)]:　　　　　　　　　　　　（指定阵列中心点）

选择夹点以编辑阵列或 [关联 (AS)/ 基点 (B)/ 项目 (I)/ 项目间角度 (A)/ 填充角度 (F)/

行 (ROW)/ 层 (L)/ 旋转项目 (ROT)/ 退出 (X)] < 退出 >: I　　　　　　（选择"项目"选项）

输入阵列中的项目数或 [表达式 (E)] <6>: 8　　　　　　　　　　　　（输入阵列数目值）

选择夹点以编辑阵列或 [关联 (AS)/ 基点 (B)/ 项目 (I)/ 项目间角度 (A)/ 填充角度 (F)/

行 (ROW)/ 层 (L)/ 旋转项目 (ROT)/ 退出 (X)] < 退出 >:　　　　　　（按Enter 键，完成操作）

图 3-55

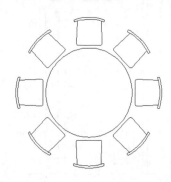

图 3-56

环形阵列完毕后，选中阵列的图形，同样会打开"阵列"面板。在该面板中可对阵列后的图形进行编辑或修改，如图 3-57 所示。

图 3-57

3．路径阵列

路径阵列是根据所指定的路径进行阵列，如曲线、弧线、折线等所有开放型线段。从功能区执行"默认"选项卡"修改"组中的"路径阵列[图标]"命令，根据命令行提示，选择所要阵列的图形对象，然后选择所需阵列的路径曲线，并输入阵列数目，即可完成路径阵列操作，如图 3-58、图 3-59 所示。命令行的提示及相关操作说明如下。

命令：_arraypath

选择对象：找到 1 个

选择对象：　　　　　　　　　　　　　　　　　　　　　　　　　　（选择阵列对象）

类型 = 路径 关联 = 是

选择路径曲线：　　　　　　　　　　　　　　　　　　　　　　　（选择阵列路径）

选择夹点以编辑阵列或 [关联 (AS)/ 方法 (M)/ 基点 (B)/ 切向 (T)/ 项目 (I)/ 行 (R)/
层 (L)/ 对齐项目 (A)/Z 方向 (Z)/ 退出 (X)]＜退出 >:I　　　　　　（选择"项目"选项）
　　指定沿路径的项目之间的距离或 [表达式 (E)]＜310.4607>: 300　（输入阵列间距值）
最大项目数 = 6
　　指定项目数或 [填写完整路径 (F)/ 表达式 (E)] ＜6>:　　　　　　　（输入阵列数目）
　　选择夹点以编辑阵列或 [关联 (AS)/ 方法 (M)/ 基点 (B)/ 切向 (T)/ 项目 (I)/ 行 (R)/
层 (L)/ 对齐项目 (A)/Z 方向 (Z)/ 退出 (X)]＜退出 >:　　　　　（按Enter键，完成操作）

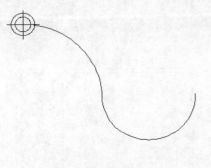

图 3-58

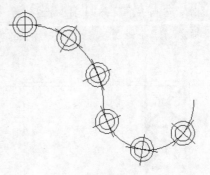

图 3-59

同样，在执行路径阵列后，系统也会打开"阵列"面板。该面板与其他阵列面板相似，
都可对阵列后的图形进行编辑或修改操作，如图 3-60 所示。

图 3-60

其中，阵列创建命令面板中各主要选项的含义介绍如下。

● 项目：该选项可设置项目数、项目间距、项目总间距。

● 测量：该选项可重新布置项目，以沿路径长度平均定数等分。

● 对齐项目：该选项指定是否对齐每个项目以与路径方向相切。

● Z 方向：该选项控制是保持项的原始 Z 方向还是沿三维路径倾斜方向。

3.3　编辑图形

　　在图形绘制完毕后，有时会根据需要对图形进行修改。AutoCAD 软件提供了多种图
形修改命令，下面将对这些修改命令的操作进行介绍。

3.3.1 移动图形

移动图形是指在不改变对象的方向和大小的情况下，按照指定的角度和方向进行移动操作。从功能区执行"默认"选项卡"修改"组中的"移动✛"命令，根据命令行提示，选中所需移动的图形，并指定移动基点，即可将其移动至新位置，如图3-61、图3-62所示。命令行的提示及相关操作说明如下。

命令 : m
MOVE 找到 1 个 　　　　　　　　　　　　　　 (选择所需移动的对象)
指定基点或 [位移 (D)] < 位移 >: 　　　　　　　　　(指定移动基点)
指定第二个点或 < 使用第一个点作为位移 >: (指定新位置点或输入移动距离值即可)

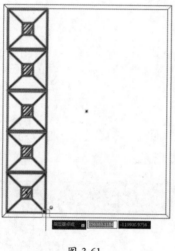

图 3-61

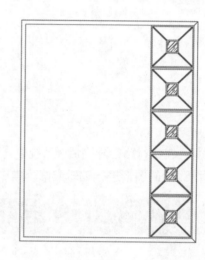

图 3-62

3.3.2 旋转图形

旋转对象是将图形对象按照指定的旋转基点进行旋转。从功能区执行"默认"选项卡"修改"组中的"旋转⟳"命令，选择所需旋转对象，指定旋转基点，并输入旋转角度即可完成，如图3-63、图3-64所示。命令行的提示及相关操作说明如下。

命令 : _rotate
UCS 当前的正角方向 : ANGDIR= 逆时针　ANGBASE=0
选择对象 : 指定对角点 : 找到 1 个
选择对象 : 　　　　　　　　　　　　　　　　　　　(选中图形对象)
指定基点 : 　　　　　　　　　　　　　　　　　　　(指定旋转基点)
指定旋转角度，或 [复制 (C)/ 参照 (R)] <0>: 90 　　　(输入旋转角度)

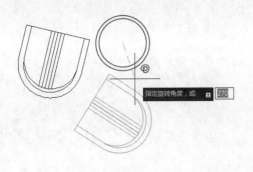

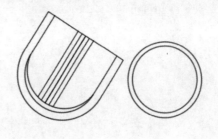

图 3-63　　　　　　　　　　　　　　　　　　　　图 3-64

3.3.3　修剪图形

修剪命令是将超过修剪边的线段修剪掉。从功能区执行"默认"选项卡"修改"组中的"修剪 ✂"命令，根据命令提示选择修剪边，按 Enter 键后选择需修剪的线段即可，如图 3-65、图 3-66 所示。命令行的提示及相关操作说明如下。

> 命令：_trim
> 当前设置：投影 =UCS，边 = 无
> 选择剪切边 ...
> 选择对象或 < 全部选择 >：找到 1 个　　　　　　　　　　　（选择修剪边线，按 Enter 键）
> 选择对象：选择要修剪的对象，或按住 Shift 键选择要延伸的对象，或 [栏选 (F)/
> 窗交 (C)/ 投影 (P)/ 边 (E)/ 删除 (R)/ 放弃 (U)]:　　　　　　（选择要修剪的线段）

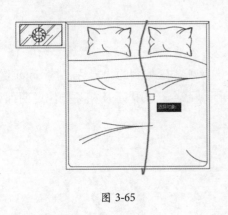

图 3-65　　　　　　　　　　　　　　　　　　　　图 3-66

3.3.4　拉伸图形

拉伸是将对象沿指定的方向和距离进行延伸，拉伸后与原对象是一个整体，只是长度会发生改变。从功能区执行"默认"选项卡"修改"组中的"拉伸"命令，根据命令行提示，选择要拉伸的图形对象，指定拉伸基点，输入拉伸距离或指定新基点即可完成，如图 3-67 至图 3-69 所示。命令行的提示及相关操作说明如下。

命令：_stretch

以交叉窗口或交叉多边形选择要拉伸的对象 ...

选择对象：指定对角点：找到 45 个　　（选择所需拉伸的图形，使用窗交方式选择）

选择对象：

指定基点或 [位移 (D)] < 位移 >：　　　　　　　　　　　　　　（指定拉伸基点）

指定第二个点或 < 使用第一个点作为位移 >：　　　　　　　　（指定拉伸新基点）

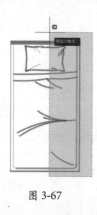

图 3-67

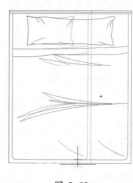

图 3-68

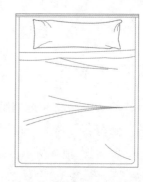

图 3-69

绘图技巧

　　在进行拉伸操作时，矩形和块图形是不能被拉伸的。如要将其拉伸，需将其进行分解后才可进行拉伸。在选择拉伸图形时，通常需要执行窗交方式来选取图形。

3.3.5　延伸图形

　　延伸命令是将指定的图形对象延伸到指定的边界。从功能区执行"默认"选项卡"修改"组中的"延伸┅"命令，根据命令行提示，选择所需延伸到的边界线，按 Enter 键，然后选择要延伸的线段即可，如图 3-70、图 3-71 所示。命令行的提示及相关操作说明如下。

命令：_extend

当前设置：投影 =UCS，边 = 无

选择边界的边 ...

选择对象或 < 全部选择 >：找到 1 个

选择对象：找到 1 个，总计 2 个　　　　　　　　（选择所需延长到的线段，按Enter键）

选择对象：

选择要延伸的对象，或按住 Shift 键选择要修剪的对象，或 [栏选 (F)/ 窗交 (C)/ 投影 (P)/ 边 (E)/ 放弃 (U)]：　　　　　　　　　　　　　　（选择要延长的线段）

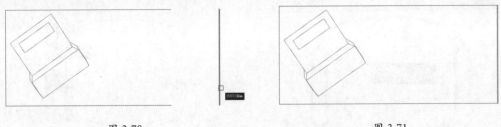

图 3-70　　　　　　　　　　　　　图 3-71

3.3.6　合并图形

合并对象是将相似的对象合并为一个对象。例如，将两条断开的直线合并成一条线段，即可使用"合并"命令。但合并的对象必须位于相同的平面上。合并的对象可以为圆弧、椭圆弧、直线、多段线和样条曲线。从功能区执行"默认"选项卡"修改"组中的"合并 ⊶"命令，根据命令行提示，选中所需合并的线段，按 Enter 键即可完成合并操作。命令行的提示及相关操作说明如下。

> 命令：_join
> 选择源对象或要一次合并的多个对象：找到 1 个
> 选择要合并的对象：找到 1 个，总计 2 个　　　　　（选择所需合并的图形对象）
> 选择要合并的对象：　　　　　　　　　　　　　　　（按 Enter 键，完成合并）
> 2 条直线已合并为 1 条直线

 绘图技巧

> 合并两条或多条圆弧时，将从源对象开始沿逆时针方向合并圆弧。合并直线时，所要合并的所有直线必须共线，即位于同一无限长的直线上，合并多个线段时，其对象可以是直线、多段线或圆弧。但各对象之间不能有间隙，而且必须位于同一平面上。

3.3.7　分解图形

分解对象是将多段线、面域或块对象分解成独立的线段。从功能区执行"默认"选项卡"修改"组中的"分解 ▥"命令，根据命令行的提示，选中所要分解的图形对象，之后按 Enter 键即可完成分解操作，如图 3-72、图 3-73 所示。命令行的提示及相关操作说明如下。

> 命令：_explode
> 选择对象：指定对角点：找到 1 个　　　　　　　　（选择所要分解的图形）
> 选择对象：　　　　　　　　　　　　　　　　　　（按 Enter 键即可完成）

CHAPTER 01　CHAPTER 02　CHAPTER 03　CHAPTER 04　CHAPTER 05

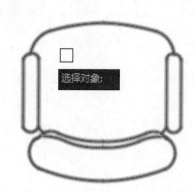

图 3-72

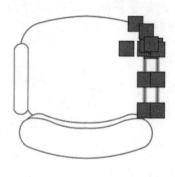

图 3-73

3.3.8　图形倒角

倒角命令可将两个图形对象以平角或倒角的方式来连接。在实际的图形绘制中，通过倒角命令可将直角或锐角进行倒角处理。从功能区执行"默认"选项卡"修改"组中的"倒角○"命令，根据命令行的提示，设置两条倒角边距离，然后选择好所需的倒角边即可，如图 3-74、图 3-75 所示。命令行的提示及相关操作说明如下。

命令：_chamfer
（"修剪"模式）当前倒角距离 1 = 0.0000，距离 2 = 0.0000
选择第一条直线或 [放弃 (U)/ 多段线 (P)/ 距离 (D)/ 角度 (A)/ 修剪 (T)/ 方式 (E)/ 多个 (M)]：d(选择"距离"选项)
指定第一个倒角距离 <0.0000>：50　　　　　　　　　　　　（ 输入第一条倒角距离值 ）
指定第二个倒角距离 <50.0000>：30　　　　　　　　　　　　（ 输入第二条倒角距离值 ）
选择第一条直线或 [放弃 (U)/ 多段线 (P)/ 距离 (D)/ 角度 (A)/ 修剪 (T)/ 方式 (E)/ 多个 (M)]：
选择第二条直线，或按住 Shift 键选择直线以应用角点或 [距离 (D)/ 角度 (A)/ 方法 (M)]：　　　　　　　　　　　　　　　　　　　　　　　　（ 选择两条倒角边 ）

图 3-74

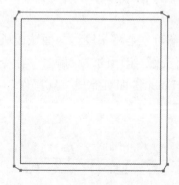

图 3-75

3.3.9 图形倒圆角

圆角命令可按指定半径的圆弧并与对象相切来连接两个对象。从功能区执行"默认"选项卡"修改"组中的"倒圆角▱"命令，根据命令行提示，设置好圆角半径，并选择好所需倒角边，按 Enter 键即可完成倒圆角操作，如图 3-76、图 3-77 所示。命令行的提示及相关操作说明如下。

命令：_FILLET

当前设置：模式 = 修剪，半径 = 0.0000

选择第一个对象或 [放弃 (U)/ 多段线 (P)/ 半径 (R)/ 修剪 (T)/ 多个 (M)]: r(选择"半径"选项)

指定圆角半径 <0.0000>: 50   （输入圆角半径值）

选择第一个对象或 [放弃 (U)/ 多段线 (P)/ 半径 (R)/ 修剪 (T)/ 多个 (M)]: (选择两条倒角边，按 Enter 键即可)

选择第二个对象，或按住 Shift 键选择对象以应用角点或 [半径 (R)]:

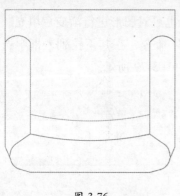

图 3-76

图 3-77

3.4 填充图形图案

图案填充是一种使用图形图案对指定的图形区域进行填充的操作。用户可使用图案进行填充，也可使用渐变色进行填充。填充完毕后，还可对填充的图形进行编辑操作。

1. 填充图案

从功能区执行"默认"选项卡"绘图"组中的"图案填充▨"命令，打开"图案填充创建"功能面板 (或选项卡)。在该面板中，用户可根据需要选择填充的图案、颜色及其他设置选项，如图 3-78 所示。

图 3-78

"图案填充创建"功能面板中常用命令说明如下。

- 边界：该命令是用来选择填充的边界点或边界线段。
- 图案：单击该命令，则在打开的下拉列表框中，选中图案的类型。
- 特性：在该命令中，用户可根据需要，设置填充的方式、填充颜色、填充透明度、填充角度及填充比例值等。
- 原点：设置原点可使用用户在移动填充图形时，方便与指定原点对齐。
- 选项：在该命令中，可根据需要选择是否自动更新图案、自动视口大小调整填充比例值及填充图案属性的设置等。
- 关闭：退出该功能面板。

2. 填充渐变色

在 CAD 软件中，除了可对图形进行图案填充，也可对图形进行渐变色填充。在功能区执行"默认"选项卡"绘图"组中的"图案填充"命令，在其下拉列表框中选择"渐变色"选项，打开"图案填充创建"功能面板，如图 3-79 所示。

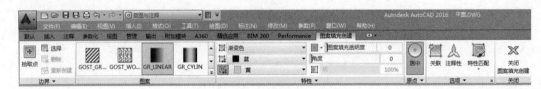

图 3-79

【自己练】

项目练习 1　绘制双人床平面图

🖥 图纸展示，如图 3-80 所示。

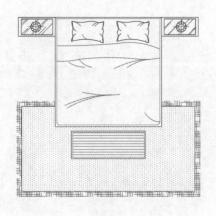

图 3-80

🖥 绘图要领：

(1) 绘制双人床轮廓。

(2) 绘制床头柜。

(3) 镜像、复制床头柜。

(4) 填充地毯材质。

项目练习 2　绘制衣柜立面图

🖥 图纸展示，如图 3-81 所示。

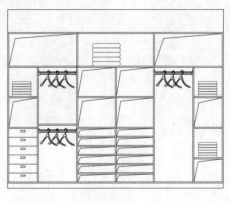

图 3-81

🖵 **绘图要领：**

(1) 偏移、修剪等修改命令应用。

(2) 复制命令应用。

第4章

绘制吊顶剖面图
——文字与表格详解

本章概述：

　　剖面图又称剖切图，是通过对有关的图形按照一定剖切方向所展示的内部构造图例。剖面图主要表现物体内部结构、材料及各种材料间层次关系。本案例主要绘制顶面剖面图，表现顶面内部龙骨、石膏板等构造。

要点难点：

　　文字样式的创建　★☆☆
　　文本的使用　★★☆
　　表格的应用　★★☆
　　吊顶剖面图的绘制　★★★

案例预览：

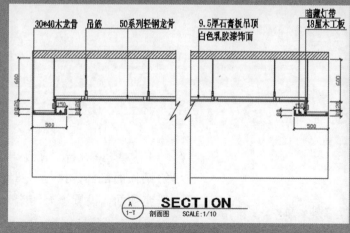

剖面图的绘制

【跟我练】 绘制客厅吊顶剖面图

案例描述

本案例主要讲解剖面图绘制。首先根据顶面图尺寸应用直线、修剪等命令绘制顶面剖面结构；然后填充顶面结构材料；最后标注尺寸及绘制文字注释。

制作过程

STEP 01 执行"注释→文字"命令，在打开的"文字样式"对话框中，单击"新建"按钮，新建标注文字样式，其后单击"确定"按钮，如图 4-1 所示。

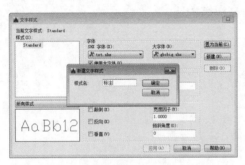

图 4-1

STEP 02 在返回的对话框中，选择"字体"为"宋体"，设置文字"高度"为"100"，将标注字体样式置为当前，如图 4-2 所示。

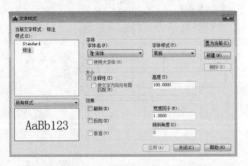

图 4-2

STEP 03 执行"圆"命令，绘制剖面符号，绘制半径为 200mm 的圆，执行"直线"

命令，绘制剖切直线，如图 4-3 所示。

图 4-3

STEP 04 执行"多行文字"命令，标注剖切符号名称，如图 4-4 所示。

图 4-4

STEP 05 执行"移动""旋转"命令，将剖切符号移动到相应位置，如图 4-5 所示。

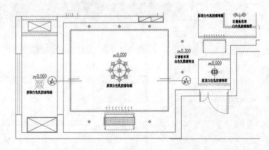

图 4-5

STEP 06 执行"直线""偏移"命令，绘制顶面剖面，执行"图案填充"命令，填充顶面，设置填充图案为"ANSI36"，设置填充图案比例为 10，如图 4-6 所示。

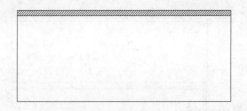

图 4-6

STEP **07** 执行"多段线"命令，绘制折断线，执行"修剪"命令，修剪相交直线，如图 4-7 所示。

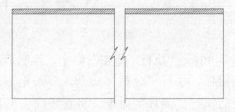

图 4-7

STEP **08** 执行"偏移"命令，将直线向下偏移 600mm、200mm，将左边直线向右偏移 350mm、150mm，执行"修剪"命令，修剪顶面造型直线，如图 4-8 所示。

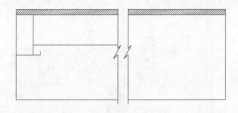

图 4-8

STEP **09** 执行"偏移"命令，将直线依次向内偏移 9mm，绘制石膏板厚度，执行"修剪"命令，修剪直线，如图 4-9 所示。

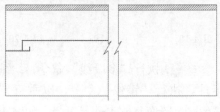

图 4-9

STEP **10** 执行"直线""复制"命令，绘制木工板填充层，如图 4-10 所示。

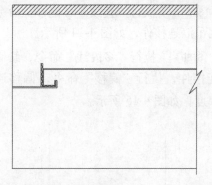

图 4-10

STEP **11** 执行"直线""偏移"命令，偏移绘制轻钢龙骨厚度，如图 4-11 所示。

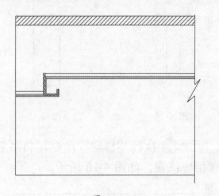

图 4-11

STEP **12** 执行"直线""偏移"命令，绘制吊筋立面，如图 4-12 所示。

STEP **13** 执行"矩形""直线"命令，绘制吊筋连接件，执行"修剪"命令，修剪吊筋连接件，如图 4-13 所示。

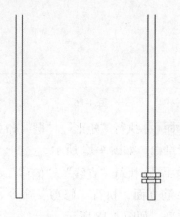

图 4-12　　　　图 4-13

STEP 14 执行"直线""偏移"命令，细化吊筋连接件，如图 4-14 所示。

STEP 15 执行"多段线"命令，绘制吊筋连接件，执行"偏移"命令，偏移连接件厚度，如图 4-15 所示。

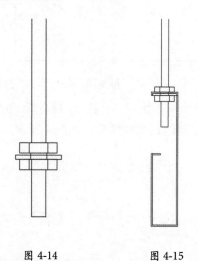

图 4-14　　　　　　图 4-15

STEP 16 执行"移动"命令，将吊筋移动到相应位置，如图 4-16 所示。

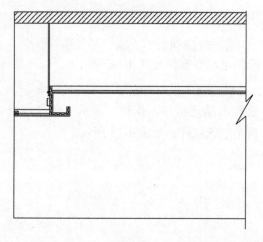

图 4-16

STEP 17 执行"矩形""圆"命令，绘制灯带剖面，如图 4-17 所示

STEP 18 执行"直线""偏移"命令，绘制吊筋立面，执行"修剪"命令，修剪吊筋造型，如图 4-18 所示。

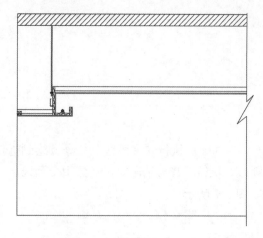

图 4-17

STEP 19 执行"矩形"命令，绘制矩形连接件，执行"分解"命令，分解矩形，最后执行"偏移"命令，将直线向上偏移80mm，如图 4-19 所示。

STEP 20 执行"圆"命令绘制半径为5mm的圆，执行"多边形"命令，绘制边长为10mm的正六边形，如图 4-20 所示。

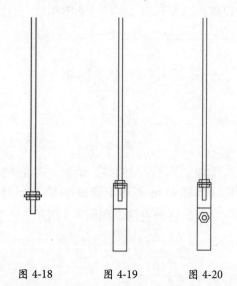

图 4-18　　　图 4-19　　　图 4-20

STEP 21 执行"多段线"命令，绘制龙骨卡件，执行"镜像"命令，以垂直方向为镜像轴，镜像复制卡件另一半，如图 4-21 所示。

STEP 22 执行"多段线"命令，绘制龙骨卡件，执行"偏移"命令，偏移多段线，如图 4-22 所示。

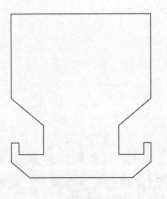

图 4-21

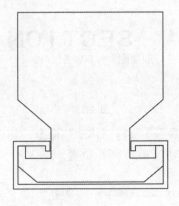

图 4-22

STEP 23 执行"移动"命令，将吊筋移动到相应位置，执行"修剪"命令，修剪龙骨，如图 4-23 所示。

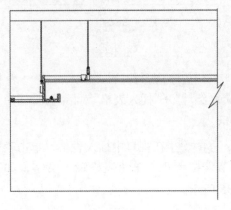

图 4-23

STEP 24 执行"复制"命令，向右

1000mm 依次复制吊筋，如图 4-24 所示。

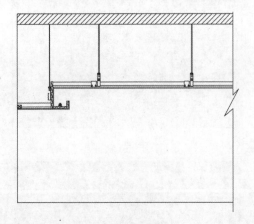

图 4-24

STEP 25 执行"镜像"命令，以折断线中心为镜像轴，镜像复制另外一半顶面，如图 4-25 所示。

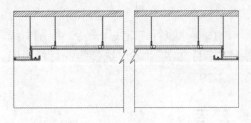

图 4-25

STEP 26 打开"标注样式管理器"对话框，新建样式"1-10"，设置标注参数，执行"线性标注"命令标注尺寸，如图 4-26 所示。

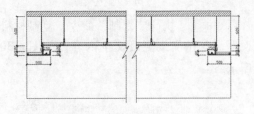

图 4-26

STEP 27 打开"文字样式"对话框，新建文字样式"材料说明"，如图 4-27 所示。

STEP 28 设置字体为"宋体"，字体高度为 100，其他参数保持默认，并将该文字样式置为当前，如图 4-28 所示。

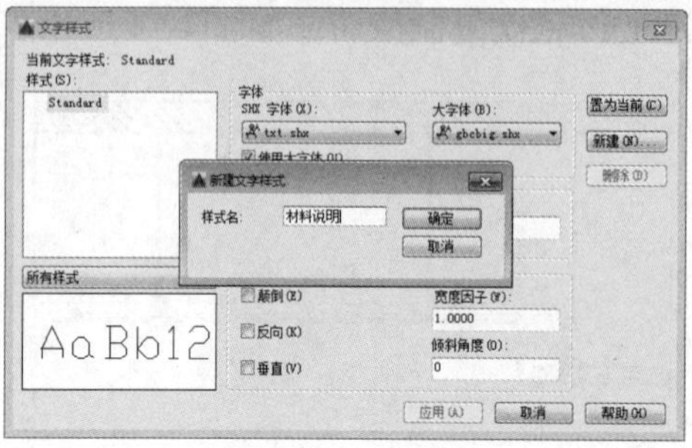

图 4-27

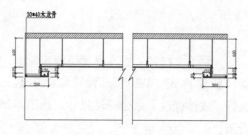

图 4-28

STEP 29 执行"引线"命令，绘制引线，执行"多行文字"命令，选择绘制材料说明，如图 4-29 所示。

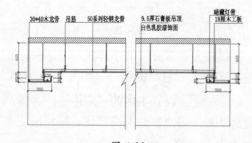

图 4-29

STEP 30 执行"复制"命令，复制材料说明，双击文字更改文字内容，如图 4-30 所示。

图 4-30

STEP 31 执行"圆"命令，绘制半径为 80mm 的圆，执行"直线"命令，绘制直线，如图 4-31 所示。

图 4-31

STEP 32 执行"多行文字"命令，绘制标注文字，如图 4-32 所示。

图 4-32

STEP 33 执行"移动"命令，将图例说明移动到图 4-33 所示位置。

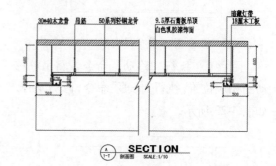

图 4-33

STEP 34 执行"注释 45 表格→表格 ▦"命令，打开"插入表格"对话框，如图 4-34 所示。

STEP 35 在视口中插入表格，单击表格调节表格大小，单击表格输入文字，如图 4-35 所示。

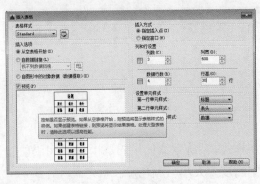

图 4-34

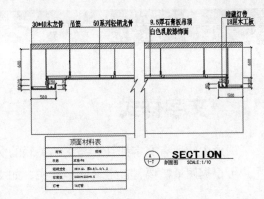

图 4-38

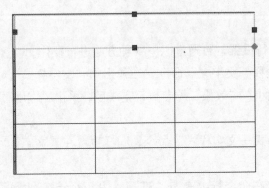

图 4-35

STEP 36 在表格中输入文字，双击文字可更改文字大小、字体，如图 4-36、图 4-37 所示。

图 4-36

顶面材料表	
材料	规格
吊筋	直径Φ8
轻钢龙骨	38×12, 厚0.8/1.0/1.2
石膏板	2400*1220*9.5
灯带	T5灯管

图 4-37

STEP 37 执行"移动"命令，将表格移动到图 4-38 所示位置。

【听我讲】

4.1 文字样式

图形中的所有文字都具有与之相关联的文字样式，系统默认使用的是"Standard"样式，用户可根据图纸需要，自定义文字样式，如文字高度、大小、颜色等。

4.1.1 创建文字样式

在 AutoCAD 中，若要对当前文字样式进行设置，可通过以下 3 种方法进行操作。

方法 1：使用功能区命令操作。执行"注释→文字 ⬎"命令，在弹出的"文字样式"对话框中，根据需要设置文字的"字体""大小""效果"等参数，完成后，单击"应用"按钮即可。

方法 2：使用菜单栏命令操作。执行"格式→文字样式"命令，同样也可在"文字样式"对话框中进行相关设置。

方法 3：使用快捷命令操作。用户可直接在命令行中输入"ST"后按 Enter 键，也可打开"文字样式"对话框进行设置。

在此，将对文字样式的创建操作进行详细介绍。

STEP 01 执行"注释→文字"命令，在打开的"文字样式"对话框中，单击"新建"按钮，如图 4-39 所示。

STEP 02 在弹出的"新建文字样式"对话框中，输入样式名称，这里输入"建筑"，然后单击"确定"按钮，如图 4-40 所示。

图 4-39

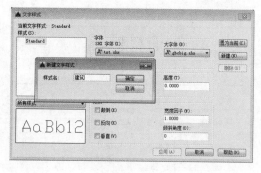

图 4-40

STEP 03 在返回的对话框中，单击"字体名"下拉按钮，选择所需字体，这里选择"黑体"，如图 4-41 所示。

STEP 04 在"高度"文本框中输入合适的文字高度值，这里输入 100，然后单击"应用"按钮和"关闭"按钮即可，如图 4-42 所示。

图 4-41　　　　　　　　　　　　　　　　图 4-42

4.1.2　修改文字样式

　　创建好文字样式后，如果用户对当前所设置的样式不满意，可对其进行编辑或修改操作。用户只需在"文字样式"对话框中，选中所要修改的文字样式，并按照需求修改其字体、大小值即可，如图 4-43 所示。

　　除了以上方法外，用户也可在绘图区中双击输入的文本，此时在功能区中则会打开"文字编辑器"选项卡，在此，只需在"样式"和"格式"选项组中，根据需要进行设置即可，如图 4-44 所示。

图 4-43　　　　　　　　　　　　　　　　图 4-44

4.1.3　管理文字样式

　　当创建文字样式后，用户可以按照需要对创建好的文字样式进行管理，如更换文字样式的名称、删除多余的文字样式等。对样式的管理操作具体介绍如下。

　　STEP 01　执行"文字样式"命令，打开"文字样式"对话框，在"样式"列表框中选择所需设置的文字样式，右击，在弹出的快捷菜单中选择"重命名"命令，如图 4-45 所示。

　　STEP 02　在文本编辑方框中，输入所需更换的文字名称，按 Enter 键即可重命名当前文字样式，如图 4-46 所示。

图 4-45   图 4-46

绘图技巧

　　在进行删除操作时，系统是无法删除已经被使用了的文字样式、默认的 Standard 样式以及当前文字样式的。

　　STEP 03 若想删除多余的文字样式，在"样式"列表框中，右击所需样式名称，在快捷菜单中选择"删除"命令，如图 4-47 所示。

　　STEP 04 在打开的系统提示框中，单击"确定"按钮即可。用户也可单击"文字样式"对话框右侧的"删除"按钮，同样也可删除，如图 4-48 所示。

图 4-47   图 4-48

4.2　创建文本

　　使用单行文字可创建一行或多行的文本内容。按 Enter 键，即可换行输入。使用"单行文字"输入的文本都是一个独立完整的对象，用户可将其进行重新定位、格式修改以及其他编辑操作。通常设置好文字样式后，即可进行文本的输入。

4.2.1　创建单行文本

　　单行文字常用于创建文本内容较少的对象。用户只需执行"注释→文字→多行文字→单行文字A"命令，在绘图区中指定文本插入点，根据命令行提示，输入文本高度和旋转角度，然后在绘图区中输入文本内容，按 Enter 键完成操作。命令行的提示及相关操作说明如下。

> 命令：_text
> 当前文字样式："Standard" 文字高度：2.5000 注释性：否
> 指定文字的起点或 [对正 (J)/ 样式 (S)]:　　　　　　　　　　（指定文字起点）
> 指定高度 <2.5000>: 100　　　　　　　　　　　　　　　　　（输入文字高度值）
> 指定文字的旋转角度 <0>:　　　　　　　　　　　　　　　　（输入旋转角度值）

其中，命令行中各选项的含义介绍如下。

● 指定文字起点：在默认情况下，通过指定单行文字行基线的起点位置创建文字。

● 对正：在命令行中输入"J"后，则可设置文字排列方式。AutoCAD 为用户提供了"对齐""调整""居中""中间""右对齐""左上""中上""右上""左中""正中""右中"和"左下"等 12 种对齐方式。

● 样式：在命令行中输入"S"后，可设置当前使用的文字样式。在此可直接输入新文字样式的名称，也可输入"？"，一旦输入"？"后并按两次 Enter 键，就会在"AutoCAD 文本窗口"中显示当前图形所有已有的文字样式。

● 指定高度：输入文字高度值。默认文字高度为 2.5。

● 指定文字的旋转角度：输入文字所需旋转的角度值。默认旋转角度为 0。

下面具体介绍单行文字输入方法。

STEP 01 执行"注释→文字→单行文字"命令，根据命令行提示，在绘图区指定文字起点，按 Enter 键，如图 4-49 所示。

STEP 02 根据提示输入文字高度值，这里输入 100，如图 4-50 所示。

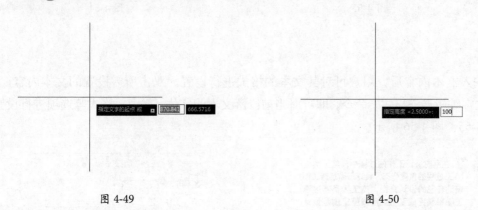

图 4-49　　　　　　　　　　　　　　　　图 4-50

STEP 03 同样地，根据提示输入文字的旋转角度，这里输入 0，如图 4-51 所示。

STEP 04 输入完成后按 Enter 键。在光标闪动的位置输入相应文本内容，然后单击绘图区任意空白处，并按 Enter 键即可完成输入操作，如图 4-52 所示。

现代风格

图 4-51 　　　　　　　　　　　　　　　图 4-52

4.2.2　创建多行文本

多行文本又称为段落文本，它是由两行或两行以上的文本组成。用户可执行"多行文字 **A**"命令，在绘图区中，指定文本起点，框选出多行文字的区域范围，如图 4-53 所示。此时即可进入文字编辑文本框，在此输入相关文本内容，输入完成后，单击空白处任意一点，即可完成多行文本操作，如图 4-54 所示。

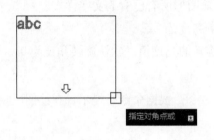

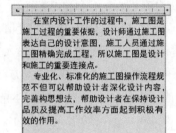

图 4-53　　　　　　　　　　　　　　　图 4-54

4.2.3　设置文本格式

输入文本内容后，用户可对其文本的格式进行设置。双击所需设置的文本内容，执行"文字编辑器→格式"命令，即可对当前段落文本的字体、颜色、格式等选项进行设置，如图 4-55、图 4-56 所示。

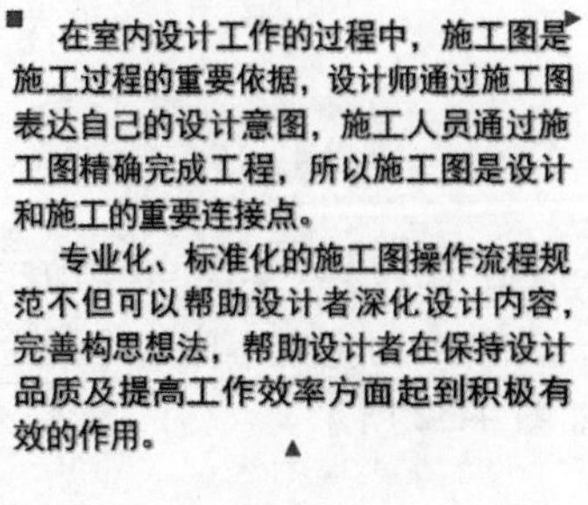

图 4-55　　　　　　　　　　　　　　　图 4-56

4.3 表格的使用

表格是在行和列中包含数据的对象，可从空表格或表格样式创建表格对象，也可以将表格链接到 Excel 电子表格中的数据等。在 AutoCAD 中用户可以使用默认表格样式 STANDARD，当然也可根据需要创建自己的表格样式。

4.3.1 设置表格样式

表格样式控制一个表格的外观，用于制作标准的字体、颜色、文本、高度和行距。在创建表格前，应先创建表格样式，并通过管理表格样式，使表格样式更符合行业的需要。

下面对表格样式的设置进行介绍。

STEP 01 执行"注释→表格→表格 ▦"命令，打开"插入表格"对话框，如图 4-57 所示。

STEP 02 单击"表格样式"后的按钮 ▣，打开"表格样式"对话框，如图 4-58 所示。

图 4-57

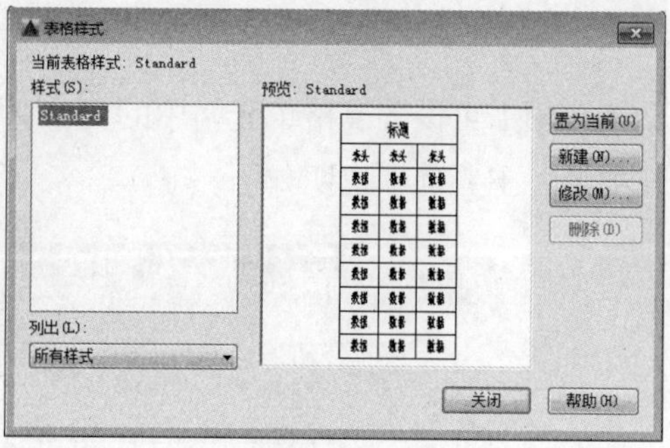

图 4-58

STEP 03 在此单击"新建"按钮，打开"创建新的表格样式"对话框，输入新样式名称，并单击"继续"按钮，如图 4-59 所示。

STEP 04 打开"新建表格样式"对话框，在"单元样式"下拉列表框中，可以设置标题、数据、表头所对应的文字、边框等特性，如图 4-60 所示。

图 4-59

图 4-60

STEP 05 设置完成后，单击"确定"按钮，返回"表格样式"对话框。此时在"样式"列表框中会显示刚创建的表格样式。单击"关闭"按钮完成操作。

在"新建表格样式"对话框中，用户可通过以下3种选项来对表格的标题、表头和数据样式进行设置。下面将分别对其选项进行说明。

1. 常规

在该选项卡中，用户可以对填充、对齐方式、格式、类型和页边距进行设置。该选项卡中各选项说明如下。

- 填充颜色：用于设置表格的背景填充颜色。
- 对齐：用于设置表格单元中的文字对齐方式。
- 格式：单击其右侧的 按钮，打开"表格单元格式"对话框，用于设置表格单元格的数据格式。
- 类型：用于设置是数据类型还是标签类型。
- 页边距：用于设置表格单元格中的内容距边线的水平和垂直距离。

2. 文字

该选项卡可设置表格单元格中的文字样式、高度、颜色和角度等特性，如图4-61所示。该选项卡各主要选项说明如下。

图 4-61

- 文字样式：选择可以使用的文字样式，单击其右侧的 按钮，可以打开"文字样式"对话框，并创建新的文字样式。
- 文字高度：用于设置表格单元格中的文字高度。
- 文字颜色：用于设置表格单元格中的文字颜色。
- 文字角度：用于设置表格单元格中的文字倾斜角度。

3. 边框

该选项卡可以对表格边框特性进行设置，如图4-62所示。在该选项卡中有8个边框按钮，单击其中任意按钮，即可将设置的特性应用到相应的表格边框上。

图 4-62

该选项卡各主要选项说明如下。

- 线宽：用于设置表格边框的线宽。
- 线型：用于设置表格边框的线型样式。
- 颜色：用于设置表格边框的颜色
- 双线：勾选该复选框，可将表格边框线型设置为双线。
- 间距：用于设置边框双线间的距离。

4.3.2 创建表格

表格颜色创建完成后，则可使用"插入表格"命令创建表格。执行"注释→表格→表格"命令，在打开的"插入表格"对话框中，根据需要创建表格的行数和列数，并在绘图区中指定插入点即可。

下面就对表格的创建操作进行介绍。

STEP 01 执行"表格"命令，打开"插入表格"对话框，在"列和行设置"选项组中，设置行数和列数值，这里将行数设为 4，列数设为 6，如图 4-63 所示。

STEP 02 设置好后，将列宽和行高设置为合适的数值，这里将列宽设置为 100，将行高设置为 3，然后单击"确定"按钮，根据命令行提示，指定表格插入点，如图 4-64 所示。

图 4-63

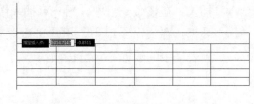

图 4-64

STEP 03 表格插入完成后，即可进入文字编辑状态，在此可输入表格内容，这里输入"装饰材料表"，其结果如图 4-65 所示。

STEP 04 输入好后，按 Enter 键，则可进入下一行内容的输入，这里输入材料"名称"，其结果如图 4-66 所示。

图 4-65

图 4-66

STEP 05 在该表格中，双击所要输入内容的单元格，也可进行文字的输入。

4.3.3　编辑表格

创建表格后，用户可对表格进行剪切、复制、删除、缩放或旋转等操作。首先选中所需编辑的单元格，在"表格单元"选项卡中，用户可根据需要对表格的行、列、单元样式、单元格式等元素进行编辑操作，如图 4-67 所示。

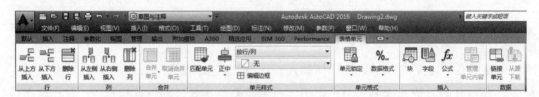

图 4-67

下面对该选项卡中主要命令进行说明。

- 行：在该命令组中，用户可对单元格的行进行相应的操作，如插入行、删除行。
- 列：在该命令组中，用户可对选定的单元列进行操作，如插入列、删除列。
- 合并：在该命令组中，用户可将多个单元格合并成一个单元格，也可将已合并的单元格进行取消合并操作。
- 单元样式：在该命令组中，用户可设置表格文字的对齐方式、单元格的颜色及表格的边框样式等。
- 单元格式：在该命令组中，用户可确定是否将选择的单元格进行锁定操作，也可以设置单元格的数据类型。
- 插入：在该命令组中，用户可插入图块、字段及公式等特殊符号。
- 数据：在该命令组中，用户可设置表格数据，如将 Excel 电子表格中的数据与当前表格中的数据进行链接操作。

【自己练】

项目练习 1　绘制图纸目录

💻 **图纸展示，如图 4-68 所示。**

序号	图纸编号	图纸内容	图幅	备注
		图 纸 目 录		
1	DS-01	图例 江苏省公共建筑施工图绿色设计专篇（电气）	A2	
2	DS-02	施工说明 电气抗震设计说明	A2	
3	DS-03	系统图及立管配电图一	A2	
4	DS-04	系统图及立管配电图二	A2	
5	DS-05	一层照明布置图	A2	
6	DS-06	二层照明布置图	A2	
7	DS-07	三层照明布置图	A2	
8	DS-01	一层强电插座布置图	A2	
9	DS-02	二层强电插座布置图	A2	
10	DS-03	三层强电插座布置图	A2	
11	DS-04	一层风机盘管布置图	A2	
12	DS-05	二层风机盘管布置图	A2	
13	DS-06	三层风机盘管布置图	A2	
14	DS-07	一层弱电插座布置图	A2	
15	DS-01	二层弱电插座布置图	A2	
16	DS-02	三层弱电插座布置图	A2	

图 4-68

💻 **绘图要领：**

(1) 新建字体样式。

(2) 新建表格样式。

(3) 插入表格。

(4) 输入表格内容。

项目练习 2　绘制设计说明

💻 **图纸展示，如图 4-69 所示。**

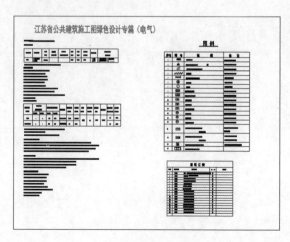

图 4-69

绘图要领：

(1) 文字样式及创建文本应用。

(2) 表格样式及插入表格应用。

第5章

绘制居室平面图
——图块应用详解

本章概述：

　　平面布置图首先要满足使用功能要求，在室内设计时要充分考虑使用功能要求，使室内环境合理化、舒适化、科学化；要考虑人的活动规律，处理好空间关系、空间尺寸、空间比例；合理配置陈设与家具，妥善解决室内通风、采光与照明问题。本章主要描述三居室平面布置方法。

要点难点：

　　图块的创建　★★☆

　　图块的插入　★☆☆

　　外部参照的应用　★★☆

　　设计中心的应用　★★☆

　　三居室平面布置图的绘制　★★★

案例预览：

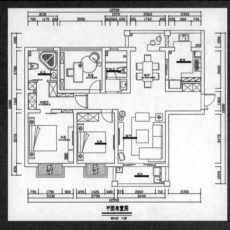

户型图的绘制

【跟我练】 绘制三居室平面布置图

🖥 案例描述

本案例主要讲解三居室平面布置图的绘制，其中分别介绍了客餐厅平面布置图、卧室平面布置图、书房及其他平面布置图的绘制过程。主要应用的命令有创建块、插入块等命令。

🖥 制作过程

在此，首先对客餐厅平面布置图的绘制进行介绍。

STEP 01 打开"三居室原始结构图"文件，复制一份原始户型图，如图5-1所示。

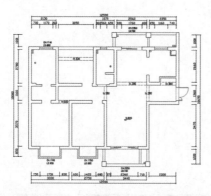

图 5-1

STEP 02 执行"删除"命令，删除文字标注及梁轮廓线等图形，如图5-2所示。

图 5-2

STEP 03 执行"插入块"命令，在弹出的"插入"对话框中单击"浏览"按钮，选择并插入沙发模型，执行"移动"命令和"旋转"命令，移动到相应位置，如图5-3所示。

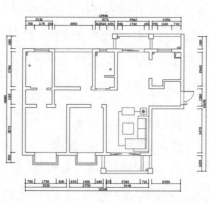

图 5-3

STEP 04 执行"矩形"命令，绘制电视柜，执行"插入块"命令，导入电视机、空调等模型，如图5-4所示。

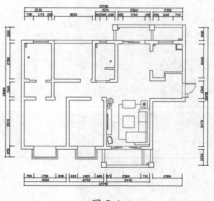

图 5-4

STEP 05 执行"删除"命令，删除阳台推拉门，执行"直线"命令和"偏移"命令，绘制吧台，执行"修剪"命令，修剪吧台，如图 5-5 所示。

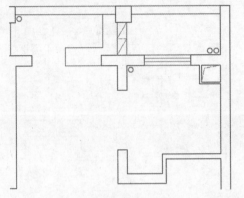

图 5-5

STEP 06 执行"圆角"命令，设置圆角半径为 50，修剪吧台圆角，如图 5-6 所示。

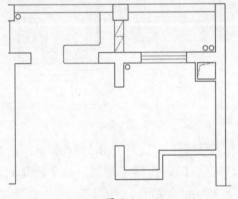

图 5-6

STEP 07 执行"圆"命令，绘制半径为 200mm 的圆形吧凳，执行"圆弧"命令，绘制弧线，如图 5-7 所示。

STEP 08 执行"插入块"命令，插入餐桌模型，执行"移动"命令和"旋转"命令，移动到相应位置，如图 5-8 所示。

STEP 09 执行"删除"命令，删除窗户直线，执行"直线"命令，绘制包水管，如图 5-9 所示。

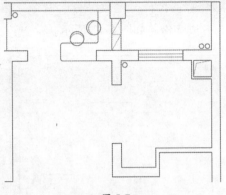

图 5-7

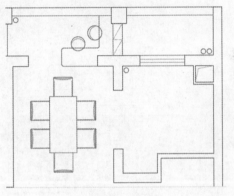

图 5-8

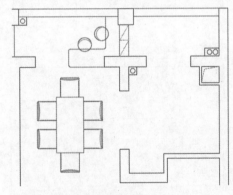

图 5-9

STEP 10 执行"偏移"命令，将墙体向内偏移 600mm 绘制厨房台面，执行"修剪"命令，修剪台面直线，如图 5-10 所示。

STEP 11 执行"矩形"命令，绘制吊柜，执行"偏移"命令，将矩形向内偏移 20mm，如图 5-11 所示。

STEP 12 执行"分解"命令，将偏移的矩形分解,执行"定数等分"命令,将直线等分成 3 份,如图 5-12 所示。

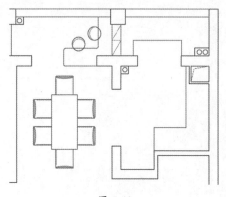

图 5-10

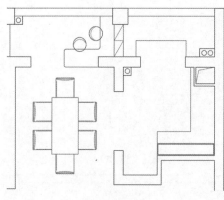

图 5-11

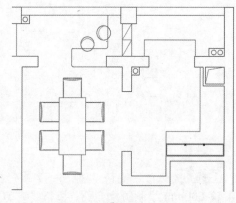

图 5-12

STEP 13 执行"直线"命令,连接等分点绘制直线,执行"特性"命令,修改直线线型为"ACAD ISO03W100",如图 5-13 所示。

STEP 14 执行"插入块"命令,在弹出

的"插入"对话框中单击"浏览"按钮,选择冰箱,插入冰箱模型,执行同样命令,导入灶台、洗菜盆模型,如图 5-14 所示。

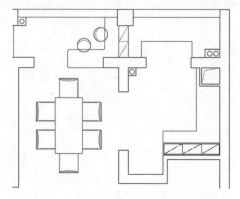

图 5-13

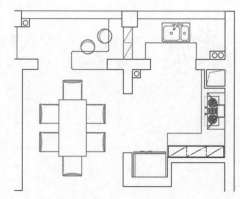

图 5-14

STEP 15 执行"矩形"命令,绘制厨房推拉门,执行"复制"命令,复制矩形推拉门,如图 5-15 所示。

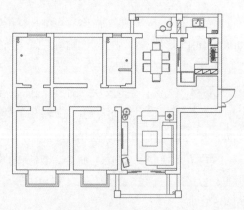

图 5-15

STEP 16 执行"多行文字"命令，标注房间名称，执行"复制"命令，标注其他房间名称，双击文字更改文字内容，如图5-16所示。

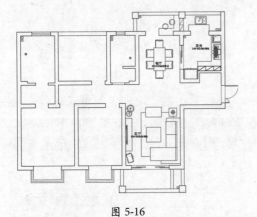

图 5-16

接下来介绍主卧平面布置图的绘制过程。

STEP 01 打开上一节绘制平面，继续绘制主卧室平面图，执行"删除"命令，删除更改墙体，执行"直线"命令和"修剪"命令，修剪更改墙体，如图5-17所示。

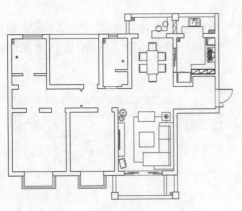

图 5-17

STEP 02 执行"矩形"命令和"圆"命令，绘制卧室门，执行"修剪"命令，修剪门造型，如图5-18所示。

STEP 03 执行"直线"命令和"偏移"命令，绘制衣柜，如图5-19所示。

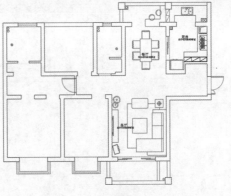

图 5-18

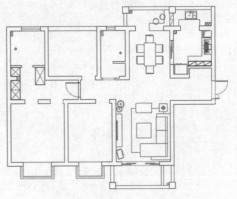

图 5-19

STEP 04 执行"直线"命令和"偏移"命令，绘制装饰柜，如图5-20所示。

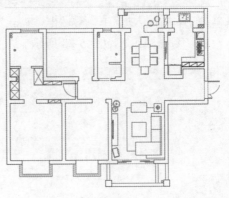

图 5-20

STEP 05 执行"矩形"命令和"复制"命令，绘制主卧推拉门，如图5-21所示。

STEP 06 执行"插入块"命令，单击"浏览"按钮，选择双人床，插入双人床模型，如图5-22所示。

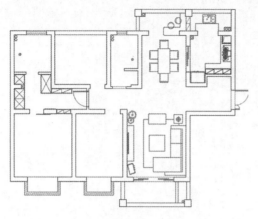

图 5-21

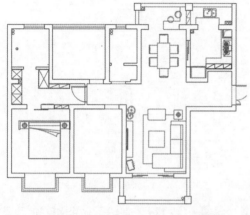

图 5-22

STEP **07** 执行"绘图"→"块"→"创建"菜单命令，打开"块定义"对话框，单击"选择对象"图标按钮，如图 5-23 所示。

图 5-23

STEP **08** 在绘图窗口中，选取所要创建的图块对象，输入块名称"双人床"，如图 5-24 所示。

图 5-24

STEP **09** 在"块定义"对话框中，单击"拾取点"按钮，在绘图窗口中指定图形一点为块的基准点，如图 5-25 所示。

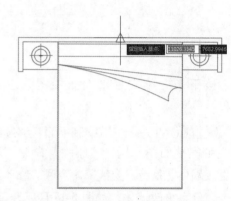

图 5-25

STEP **10** 单击"确定"按钮即可完成图块的创建，选择创建好的图块，效果如图 5-26 所示。

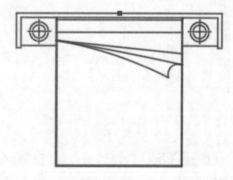

图 5-26

STEP **11** 执行"旋转"命令，旋转双人床，执行"移动"命令，将双人床移动到如图 5-27 所示的位置。

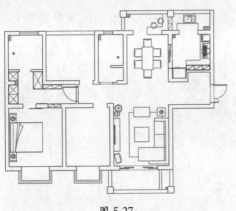

图 5-27

STEP 12 执行"矩形"命令，分别绘制 1600mm×400mm 的电视柜和 800mm×500mm 的梳妆台，如图 5-28 所示。

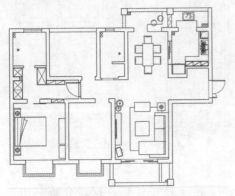

图 5-28

STEP 13 执行"直线"命令和"偏移"命令，绘制梳妆台凳子，执行"图案填充"命令，选择填充图案为"EARTH"，设置填充比例为"15"，填充凳子，如图 5-29 所示。

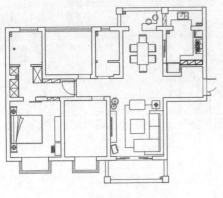

图 5-29

STEP 14 最后执行"插入块"命令，插入电视机模型，执行"旋转"命令和"移动"命令，移动电视机到图 5-30 所示位置。

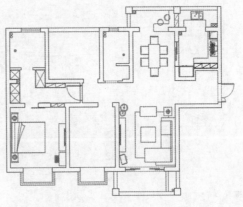

图 5-30

STEP 15 执行"直线"命令，绘制抱枕，执行"复制"命令，复制抱枕，最后执行"修剪"命令，修剪抱枕重叠地方，如图 5-31 所示。

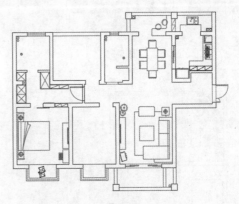

图 5-31

STEP 16 执行"图案填充"命令，设置填充图案为"CROSS"，设置填充比例为"10"，如图 5-32 所示。

STEP 17 执行"矩形"命令，绘制卫生间门，设置矩形尺寸为 800mm×40mm，如图 5-33 所示。

STEP 18 执行"插入块"命令，单击"浏览"按钮，选择浴缸模型，插入浴缸模型，执行"缩放"命令，微调浴缸尺寸，设置缩放比例为 0.9，如图 5-34 所示。

击文字可更改文字内容，如图 5-36 所示。

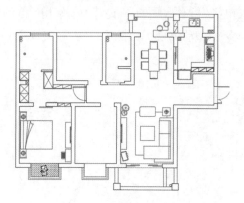

图 5-32

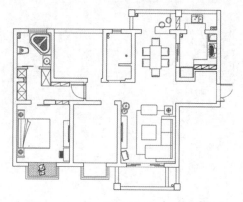

图 5-35

图 5-33

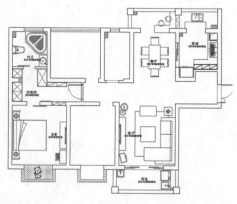

图 5-36

完成上述操作后，接着介绍书房及其他位置平面布置图的绘制过程。

STEP 01 执行"直线"命令和"偏移"命令，绘制书柜，执行"修剪"命令，修剪柜子造型，如图 5-37 所示。

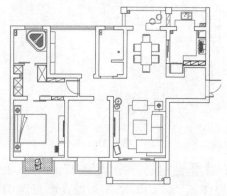

图 5-34

STEP 19 执行"矩形"命令，绘制洗漱台面，执行"插入块"命令，导入洗漱盆平面模型，采用同样方法导入马桶平面模型，如图 5-35 所示。

STEP 20 执行"多行文字"命令，绘制文字，执行"复制"命令，复制文字，双

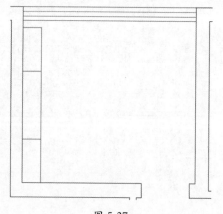

图 5-37

STEP **02** 执行"直线"命令和"修剪"命令,将柜子直线向内偏移 20mm,并修剪柜子,执行"直线"命令,连接对角点,最后执行"特性"命令,修改直线颜色,如图 5-38 所示。

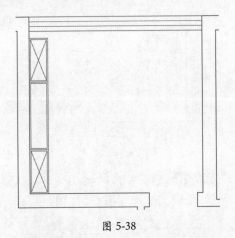

图 5-38

STEP **03** 执行"矩形"命令,绘制尺寸为 1400×600mm 的书桌,执行"偏移"命令,将矩形向内偏移 20mm,如图 5-39 所示。

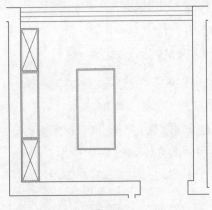

图 5-39

STEP **04** 执行"圆"命令,分别绘制半径为 110mm、50mm 的同心圆,绘制台灯,执行"直线"命令以圆心为中心点绘制直线,如图 5-40 所示。

STEP **05** 执行"插入块"命令,导入椅子模型,执行"分解"命令,将椅子分解,执行"修剪"命令,修剪椅子,如图 5-41 所示。

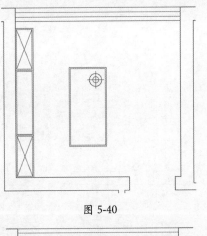

图 5-40

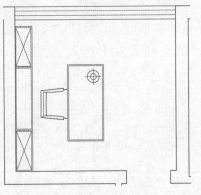

图 5-41

STEP **06** 执行"插入块"命令,导入单人沙发模型,执行"旋转"命令,旋转单人沙发,如图 5-42 所示。

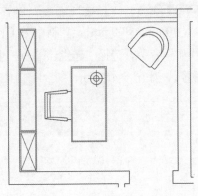

图 5-42

STEP **07** 执行"圆"命令,绘制半径为 150mm 的落地灯底座,执行"矩形"命令和"复制"命令,绘制落地灯,执行"旋转"命令,旋转矩形,如图 5-43 所示。

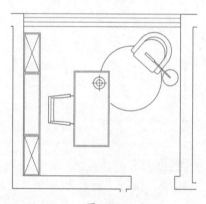

图 5-43

STEP 08 执行"圆"命令，绘制半径为 600mm 的圆形地毯，执行"修剪"命令，修剪圆形，如图 5-44 所示。

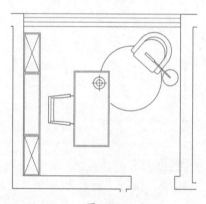

图 5-44

STEP 09 执行"矩形"命令，设置矩形尺寸为 40mm×800mm，绘制书房门，执行"圆弧"命令，选择"起点、端点、半径"绘制圆弧，如图 5-45 所示。

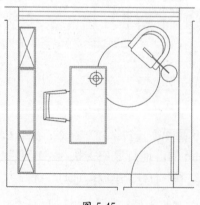

图 5-45

STEP 10 执行"多行文字"命令，标注房间名称，如图 5-46 所示。

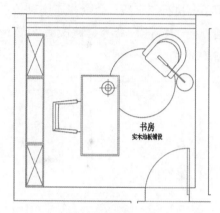

图 5-46

STEP 11 执行"直线"命令、"插入块"等命令，绘制其他房间模型，如图 5-47 所示。

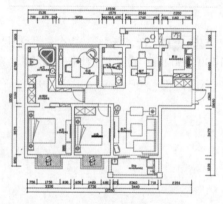

图 5-47

STEP 12 执行"多行文字"命令，绘制其他房间名称，如图 5-48 所示。

图 5-48

【听我讲】

5.1　图块

块是一个或多个对象形成的对象集合，常用于绘制复杂、重复的图形。当生成块时，可以把处于不同图层上的具有不同颜色、线型和线宽的对象定义为块，使块中的对象仍保持原来的图层和特性信息。

5.1.1　创建块

内部图块是跟随定义它的图形文件一起保存的，存储在图形文件内部，因此只能在当前图形文件中调用，而不能在其他图形文件中调用。创建块可以通过以下几种方法来实现。

* 执行"绘图"→"块"→"创建"菜单命令。
* 在功能区"默认"选项卡的"块"面板中单击"创建"按钮 🖫。
* 在命令行中输入 B 命令，然后按 Enter 键。

执行以上任意一种操作后，即可打开"块定义"对话框，如图 5-49 所示。在该对话框中进行相关的设置，即可将图形对象创建成块。

图 5-49

该对话框中一些主要选项的含义介绍如下。

* 基点：该选项组中的选项用于指定图块的插入基点。系统默认图块的插入基点值为(0,0,0)，用户可直接在 X、Y 和 Z 文本框中输入坐标相对应的数值，也可以单击"拾取点"按钮，切换到绘图区中指定基点。
* 对象：该选项组中的选项用于指定新块中要包含的对象，以及创建块之后如何处

理这些对象，是保留还是删除选定的对象，或者是将它们转换成块实例。

● 方式：该选项组中的选项用于设置插入后的图块是否允许被分解、是否统一比例缩放等。

● 在块编辑器中打开：选中该复选框，当创建图块后，进入块编辑器窗口中进行"参数""参数集"等选项的设置。

下面将通过一个餐桌图块的创建展开介绍。

STEP 01 执行"绘图"→"块"→"创建"菜单命令，打开"块定义"对话框，单击"选择对象"图标按钮，如图5-50所示。

STEP 02 在绘图窗口中，选取所要创建的图块对象，如图5-51所示。

图 5-50

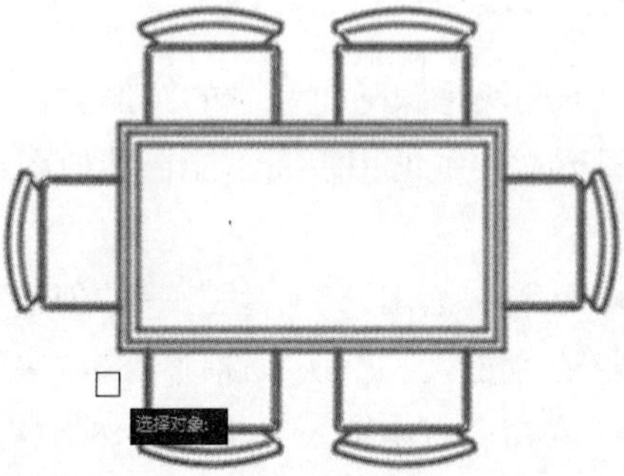

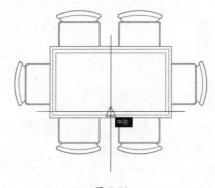

图 5-51

STEP 03 按Enter键返回至"块定义"对话框，然后单击"拾取点"按钮，如图5-52所示。

STEP 04 在绘图窗口中，指定图形一点为块的基准点，如图5-53所示。

图 5-52

图 5-53

STEP 05 选择好后，返回到对话框，输入块名称，将"块单位"设置为"毫米"，如图5-54所示。

STEP 06 单击"确定"按钮即可完成图块的创建，选择创建好的图块，效果如图5-55所示。

图 5-54

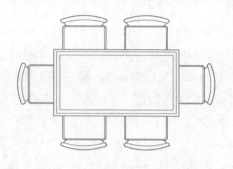

图 5-55

5.1.2　存储块

存储图块是将块、对象或者某些图形文件保存到独立的图形文件中，又称为外部块。在 AutoCAD 2016 中，使用"写块"命令，可以将文件中的块作为单独的对象保存为一个新文件，被保存的新文件可以被其他对象使用。用户可以通过以下方法执行"写块"命令。

● 在功能区"默认"选项卡的"块"面板中单击"写块"按钮 。

● 在命令行中输入 W 命令，然后按 Enter 键。

执行以上任意一种操作后，即可打开"写块"对话框，如图 5-56 所示。

图 5-56

在"写块"对话框中，可以设置组成块的对象来源，其主要选项的含义介绍如下。

● 块：将创建好的块写入磁盘。

● 整个图形：将全部图形写入图块。

● 对象：指定需要写入磁盘的块对象，用户可根据需要使用"基点"选项组设置块的插入基点位置；使用"对象"选项组设置组成块的对象。

此外，在该对话框的"目标"选项组中，用户可以指定文件的新名称和新位置以及插入块时所用的测量单位。

CHAPTER 01

CHAPTER 02

CHAPTER 03

CHAPTER 04

CHAPTER 05

CHAPTER 01

CHAPTER 02

CHAPTER 03

CHAPTER 04

CHAPTER 05

5.1.3　插入块

当图形被定义为块后，可使用"插入块"命令直接将图块插入到图形中。插入块时可以一次插入一个，也可以一次插入呈矩形阵列排列的多个块参照。

在 AutoCAD 2016 中，用户可以通过以下方法执行"插入块"命令。

● 执行"绘图"→"块"→"插入"菜单命令。

● 在功能区"默认"选项卡的"块"面板中单击"插入"按钮🖭。

● 在命令行中输入 I 命令，然后按 Enter 键。

执行以上任意一种操作后，即可打开"插入"对话框，如图 5-57 所示。

图 5-57

利用"插入"对话框可以把用户创建的内部图块插入到当前的图形中，或者把创建的图块从外部插入到当前的图形中。"插入"对话框中各主要选项的含义介绍如下。

● 名称：用于选择块或图形的名称。单击其后的"浏览"按钮，可打开"选择图形文件"对话框，从中选择图块或外部文件。

● 插入点：用于设置块的插入点位置。

● 比例：用于设置块的插入比例。"统一比例"复选框用于确定插入块在 X、Y、Z 这 3 个方向的插入块比例是否相同。选中该复选框，表示比例相同，即只需要在 X 文本框中输入比例值即可。

● 旋转：用于设置块插入时的旋转角度。

● 分解：用于将插入的块分解成组成块的各基本对象。

5.2　块的属性

块的属性是块的组成部分，是包含在块定义中的文字对象，在定义块之前，要先定义该块的每个属性，然后将属性和图形一起定义成块。属性块具有以下特点。

● 块属性由属性标记名和属性值两部分组成。如可以把 Name 定义为属性标记名，而具体的姓名 Mat 就是属性值，即属性。

● 定义块前，应先定义该块的每个属性，即规定每个属性的标记名、属性提示、属性默认值、属性的显示格式（可见或不可见）及属性在图中的位置等。一旦定义了属性，该属性以其标记名将在图中显示出来，并保存有关的信息。

- 定义块时，应将图形对象和表示属性定义的属性标记名一起用来定义块对象。
- 插入有属性的块时，系统将提示用户输入需要的属性值。插入块后，属性用它的值表示。因此，同一个块在不同点插入时，可以有不同的属性值。如果属性值在属性定义时规定为常量，系统将不再询问它的属性值。
- 插入块后，用户可以改变属性的显示可见性，对属性作修改，把属性单独提取出来写入文件，以便在统计、制表时使用，还可以与其他高级语言或数据库进行数据通信。

5.2.1　定义属性块

属性块是由图形对象和属性对象组成。对块增加属性，就是使块中的指定内容可以变化。要创建一个块属性，用户可以使用"定义属性"命令，先建立一个属性定义来描述属性特征，包括标记、提示符、属性值、文本格式、位置以及可选模式等。

在 AutoCAD 2016 中，用户可以通过以下方法执行"定义属性"命令。

- 执行"绘图"→"块"→"定义属性"菜单命令。
- 在功能区"默认"选项卡的"块"面板中单击"定义属性"按钮 。
- 在命令行中输入 ATTDEF 命令，然后按 Enter 键。

执行以上任意一种操作后，系统将自动打开"属性定义"对话框，如图 5-58 所示。

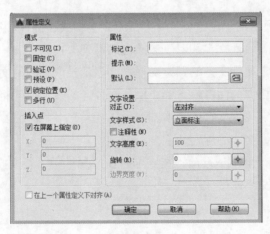

图 5-58

1. 模式

"模式"选项组用于在图形中插入块时，设定与块关联的属性值选项。

- 不可见：指定插入块时不显示或打印属性值。
- 固定：在插入块时赋予属性固定值。选中该复选框，插入块时属性值不发生变化。
- 验证：插入块时提示验证属性值是否正确。选中该复选框，插入块时系统将提示

CHAPTER 01　CHAPTER 02　CHAPTER 03　CHAPTER 04　CHAPTER 05

用户验证所输入的属性值是否正确。

● 预设：插入包含预设属性值的块时，将属性设定为默认值。选中该复选框，插入
块时，系统将把"默认"文本框中输入的默认值自动设置为实际属性值，不再要
求用户输入新值。

● 锁定位置：锁定块参照中属性的位置。解锁后，属性可以相对于使用夹点编辑的
块的其他部分移动，并且可以调整多行文字属性的大小。

● 多行：指定属性值可以包含多行文字。选定此选项后，可以指定属性的边界宽度。

2．属性

"属性"选项组用于设定属性数据。

● 标记：标识图形中每次出现的属性。

● 提示：指定在插入包含该属性定义的块时显示的提示。如果不输入提示，属性标
记将用作提示。

● 默认：指定默认属性值。单击后面的"插入字段"按钮，显示"字段"对话框，可
以插入一个字段作为属性的全部或部分值；选中"多行"复选框后，显示"多行编
辑器"按钮，单击此按钮将弹出具有"文字格式"工具栏和标尺的在位文字编辑器。

3．插入点

"插入点"选项组用于指定属性位置。输入坐标值或者选中"在屏幕上指定"复选框，
并使用定点设备根据与属性关联的对象指定属性的位置。

4．文字设置

"文字设置"选项组用于设定属性文字的对正、样式、高度和旋转。

● 对正：用于设置属性文字相对于参照点的排列方式。

● 文字样式：指定属性文字的预定义样式。显示当前加载的文字样式。

● 注释性：指定属性为注释性。如果块是注释性的，则属性将与块的方向相匹配。

● 文字高度：指定属性文字的高度。

● 旋转：指定属性文字的旋转角度。

● 边界宽度：换行至下一行前，指定多行文字属性中一行文字的最大长度。此选项
不适用于单行文字属性。

5．在上一个属性定义下对齐

该选项用于将属性标记直接置于之前定义的属性下面。如果之前没有创建属性定义，
则此选项不可用。

5.2.2　管理块属性

当图块中包含属性定义时，属性将作为一种特殊的文本对象也一同被插入。此时即
可使用"块属性管理器"工具编辑之前定义的块属性，然后使用"增强属性管理器"工

具将属性标记赋予新值，使之符合相似图形对象的设置要求。

1．块属性管理器

当编辑图形文件中多个图块的属性定义时，可以使用块属性管理器重新设置属性定义的构成、文字特性和图形特性等属性。

在"插入"选项卡的"块定义"组中单击"管理属性"按钮，将打开"块属性管理器"对话框，如图5-59所示。

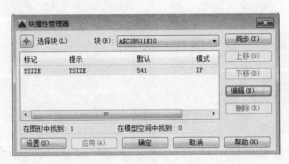

图 5-59

在该对话框中各选项含义介绍如下。

● 块：列出具有属性的当前图形中的所有块定义。选择要修改属性的块。

● 属性列表：显示所选块中每个属性的特性。

● 同步：更新具有当前定义的属性特性的选定块的全部实例。

● 上移：在提示序列的早期阶段移动选定的属性标签。选定固定属性时，"上移"按钮不可用。

● 下移：在提示序列的后期阶段移动选定的属性标签。选定常量属性时，"下移"按钮不可使用。

● 编辑：可打开"编辑属性"对话框，从中可以修改属性特性。

● 删除：从块定义中删除选定的属性。

● 设置：打开"块属性设置"对话框，从中可以自定义"块属性管理器"中属性信息的列出方式。

2．增强属性编辑器

增强属性编辑器功能主要用于编辑块中定义的标记和值属性，与块属性管理器设置方法基本相同。

在"插入"选项卡的"块"组中单击"编辑属性"下拉按钮，在展开的下拉列表框中单击"单个"按钮，然后选择属性块，或者直接双击属性块，都将打开"增强属性编辑器"对话框，如图5-60所示。

在该对话框中可指定属性块标记，在"值"文本框中可为属性块标记赋予值。此外，还可以分别利用"文字选项"和"特性"选项卡设置图块不同的文字格式和特性，如更改文字的格式、文字的图层、线宽及颜色等属性。

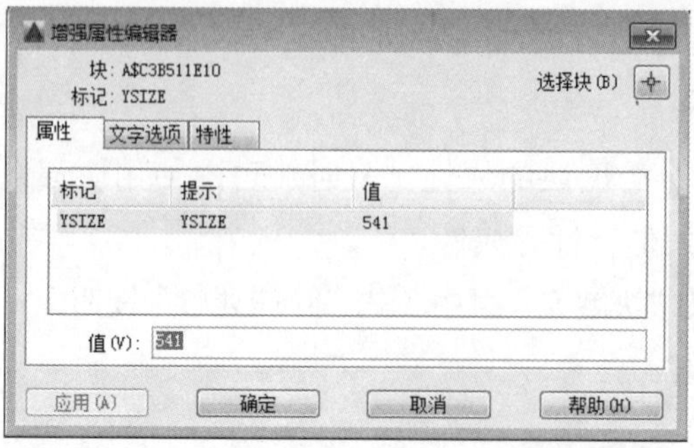

图 5-60

5.3 外部参照

外部参照是指在绘制图形过程中，将其他图形以块的形式插入，并且可以作为当前图形的一部分。外部参照和块不同，外部参照提供了一种更为灵活的图形引用方法。使用外部参照可以将多个图形链接到当前图形中，并且作为外部参照的图形会随着原图形的修改而更新。

5.3.1 附着外部参照

要使用外部参照图形，先要附着外部参照文件。在功能区"插入"选项卡的"参照"组中单击"附着"按钮，打开"参照文件"对话框，选择合适的文件，单击"打开"按钮，即可打开"附着外部参照"对话框，如图 5-61 所示。从中可将图形文件以外部参照的形式插入到当前的图形中。

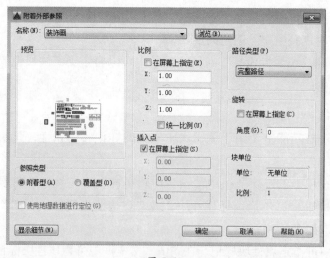

图 5-61

在"附着外部参照"对话框中，各主要选项的含义介绍如下。

- 浏览：单击该按钮将打开"选择参照文件"对话框，从中可以为当前图形选择新的外部参照。
- 参照类型：用于指定外部参照为附着型还是覆盖型。与附着型的外部参照不同，当选择覆盖型外部参照的图形作为外部参照附着到另一图形时，将忽略该覆盖型外部参照。
- 比例：用于指定所选外部参照的比例因子。
- 插入点：用于指定所选外部参照的插入点。
- 路径类型：设置是否保存外部参照的完整路径。如果选择该选项，外部参照的路径将保存到数据库中；否则将只保存外部参照的名称而不保存其路径。
- 旋转：为外部参照引用指定旋转角度。

5.3.2 绑定外部参照

将参照图形绑定到当前图形中，可以方便地进行图形发布和传递操作，并且不会出现无法显示参照的错误提示信息。

执行"修改"→"对象"→"外部参照"→"绑定"菜单命令，打开"外部参照绑定"对话框。在该对话框中可以将块、尺寸样式、图层、线型以及文字样式中的依赖符添加到主图形中。绑定依赖符后，它们会永久地加入到主图形中，且原来依赖符中的"|"符号变为"$ 0 $"，如图5-62所示。

图 5-62

5.4 设计中心

通过 AutoCAD 设计中心用户可以访问图形、块、图案填充及其他图形内容，可以将原图形中的任何内容拖动到当前图形中使用；还可以在图形之间复制、粘贴对象属性，以避免重复操作。

5.4.1 设计中心选项板

"设计中心"选项板用于浏览、查找、预览以及插入内容，包括块、图案填充和外部参照。

在 AutoCAD 2016 中，用户可以通过以下方法打开图 5-63 所示的选项板。

● 执行"工具"→"选项板"→"设计中心"菜单命令。

● 在功能区"视图"选项卡的"选项板"组中单击"设计中心"按钮▦。

● 按 Ctrl+2 组合键。

图 5-63

从图 5-63 中可以看到，"设计中心"选项板主要由工具栏、选项卡、内容窗口、树状视图窗口、预览窗口和说明窗口 6 个部分组成。

1. 工具栏

工具栏控制着树状图和内容区中信息的显示。各选项作用如下。

● 加载：单击该按钮显示"加载"对话框（标准文件选择对话框）。使用"加载"浏览本地和网络驱动器或 Web 上的文件，然后选择内容加载到内容区域。

● 上一级：单击该按钮将会在内容窗口或树状视图中显示上一级内容、内容类型、内容源、文件夹、驱动器等内容。

● 主页：将设计中心返回到默认文件夹。可以使用树状图中的快捷菜单更改默认文件夹。

● 树状图切换：显示和隐藏树状视图。若绘图区域需要更多的空间，则可以隐藏树状图。树状图隐藏后，可以使用内容区域浏览容器并加载内容。在树状图中使用"历史记录"列表时，"树状图切换"按钮不可用。

● 预览：显示和隐藏内容区域窗格中选定项目的预览。

● 说明：显示和隐藏内容区域窗格中选定项目的文字说明。

2. 选项卡

设计中心由 3 个选项卡组成，分别为"文件夹""打开的图形"和"历史记录"。

- 文件夹：该选项卡可方便地浏览本地磁盘或局域网中所有的文件夹、图形和项目内容。
- 打开的图形：该选项卡显示了所有打开的图形，以便查看或复制图形内容。
- 历史记录：该选项卡主要用于显示最近编辑过的图形名称及目录。

5.4.2　插入设计中心内容

通过AutoCAD设计中心，可以很方便地在当前图形中插入图块、引用图像和外部参照，以及在图形之间复制图层、图块、线型、文字样式、标注样式和用户定义等内容。

打开"设计中心"选项板，在"文件夹列表"列表框中，查找文件的保存目录，并在内容区域选择需要插入为块的图形，右击，在弹出的快捷菜单中选择"插入为块"命令，如图 5-64 所示。打开"插入"对话框，从中进行相应的设置，单击"确定"按钮即可，如图 5-65 所示。

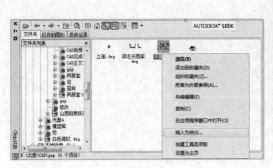

图 5-64

图 5-65

【自己练】

项目练习 1　绘制三居室平面布置图

🖥 图纸展示，如图 5-66 所示。

🖥 绘图要领：

(1) 创建家具图块。
(2) 插入家具图块。
(3) 标注文字。

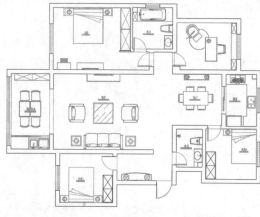

图 5-66

项目练习 2　绘制别墅一层平面布置图

🖥 图纸展示，如图 5-67 所示。

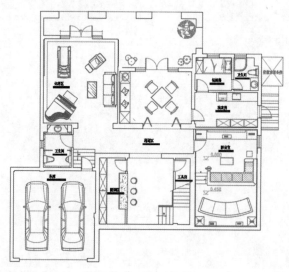

图 5-67

🖥 绘图要领：

(1) 图块属性定义。
(2) 创建家具图块。

第6章

绘制玄关立面图
——尺寸标注详解

本章概述：

现代家居中，玄关是开门第一道风景，室内的一切精彩被掩藏在玄关之后，在走出玄关之前，短暂的想象都可能成为现实。在室内和室外的交界处，玄关是一块缓冲之地，其设计效果非常重要。本章将以此案例的制作展开介绍。

要点难点：

尺寸标注　★★☆
引线标注　★★☆
编辑尺寸标注　★★★
玄关立面图的绘制　★★★

案例预览：

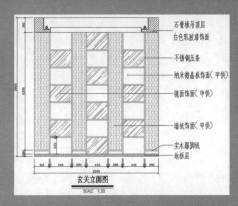

玄关立面图的绘制

【跟我练】绘制玄关立面图

🖥 案例描述

本案例讲解玄关立面图的绘制操作。首先应用 AutoCAD 2016 基础命令绘制玄关立面造型；然后设置尺寸标注样式标注尺寸；最后绘制文字说明立面材质。

🖥 制作过程

STEP 01 执行"直线"命令，绘制造型外框，执行"偏移"命令，将底边直线向上偏移 50mm，绘制地面填充层，如图 6-1所示。

图 6-1

STEP 02 执行"图案填充"命令，填充地砖层，选择填充图案为"ANSI31"，设置填充比例为"10"，如图 6-2 所示。

图 6-2

STEP 03 执行"偏移"命令，将左边直线依次向右偏移 200mm、150mm，将上方直线向下偏移 300mm，执行"修剪"命令，修剪顶面造型，如图 6-3 所示。

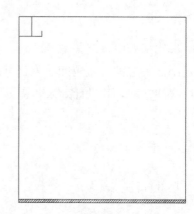

图 6-3

STEP 04 执行"偏移"命令，将矩形依次向内偏移 95mm，执行"修剪"命令，修剪顶面造型，如图 6-4 所示。

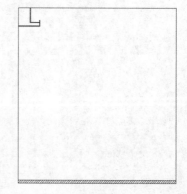

图 6-4

STEP **05** 执行"图案填充"命令，填充吊顶层，选择填充图案为"ANSI31"，设置填充比例为"10"，如图6-5所示。

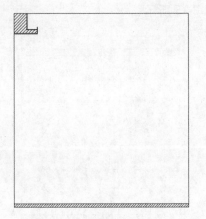

图 6-5

STEP **06** 执行"矩形"命令，绘制灯带，执行"圆""直线"命令绘制灯带，如图6-6所示。

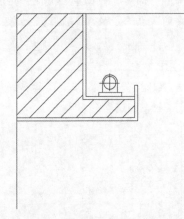

图 6-6

STEP **07** 执行"镜像"命令，以立面中心为镜像轴，复制吊顶，执行"直线"命令，连接顶面，如图6-7所示。

STEP **08** 执行"直线"命令，沿着左边墙体绘制直线，执行"偏移"命令，将直线依次向右偏移，最后执行"特性"命令，修改直线颜色为红色，如图6-8所示。

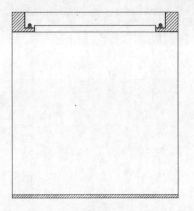

图 6-7

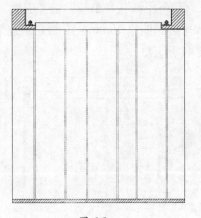

图 6-8

STEP **09** 执行"定数等分"命令，将直线等分为7份，如图6-9所示。

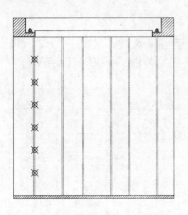

图 6-9

STEP **10** 执行"直线"命令，连接等分点，依次绘制直线，执行"删除"命令，删除等分点，如图6-10所示。

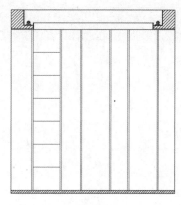

CHAPTER 10

图 6-10

STEP **11** 执行"偏移"命令,将等分直线依次向下偏移 20mm,绘制立面造型,如图 6-11 所示。

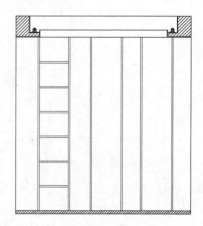

图 6-11

STEP **12** 执行"复制"命令,将立面造型依次向右复制,如图 6-12 所示。

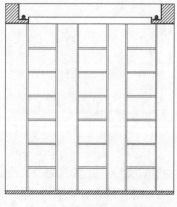

图 6-12

STEP **13** 执行"图案填充"命令,拾取填充范围,选择填充图案为"AR-RROOF",设置填充角度为 45,设置填充比例为"5",如图 6-13 所示。

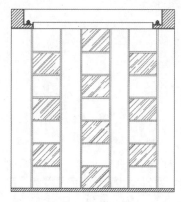

图 6-13

STEP **14** 执行"偏移"命令,将直线依次向上偏移 60mm、20mm,绘制踢脚线,执行"特性"命令,修改直线颜色为红色,执行"修剪"命令,修剪踢脚线,如图 6-14 所示。

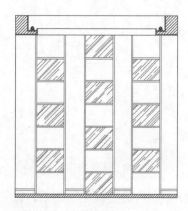

图 6-14

STEP **15** 执行"图案填充"命令,填充墙纸,选择填充图案为"ANSI36",设置填充角度为 45,设置填充比例为"10",如图 6-15 所示。

STEP **16** 执行"格式→标注样式"命令,打开"标注样式管理器",新建标注样式"20",如图 6-16 所示。

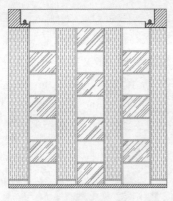

图 6-15

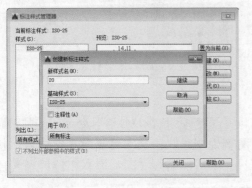

图 6-16

STEP 17 设置"线"参数，选中"固定长度的尺寸界限"复选框，设置"长度"为"10"，其他参数保持默认，如图 6-17 所示。

图 6-17

STEP 18 在弹出对话框中选择"符号和箭头"选项卡，更改"第一个""第二个"箭头设置为"建筑标记"，如图 6-18 所示。

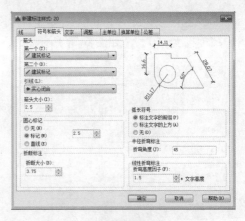

图 6-18

STEP 19 选择"文字"选项卡，其他参数保持默认，如图 6-19 所示。

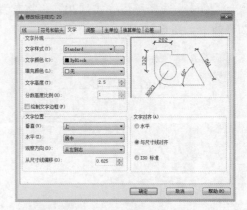

图 6-19

STEP 20 选择"调整"选项卡，设置"使用全局比例"为"20"，其他参数保持默认，如图 6-20 所示。

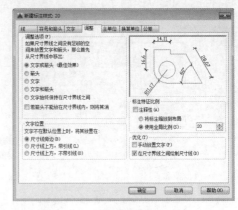

图 6-20

STEP 21 切换到"主单位"选项卡,设置"精度"为"0",如图 6-21 所示。

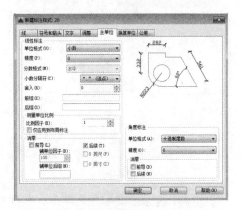

图 6-21

STEP 22 选择标注样式"20",将其置为当前,如图 6-22 所示。

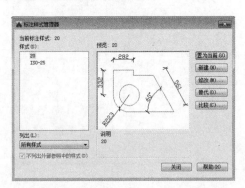

图 6-22

STEP 23 执行"线型标注"命令,标注尺寸,执行"快速标注"命令,选择图形进行标注,如图 6-23 所示。

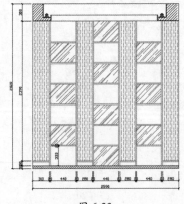

图 6-23

STEP 24 在命令栏中输入"LE"引线命令,绘制文字标注,执行"复制"命令,复制引线文字,双击文字可更改文字内容,如图 6-24 所示。

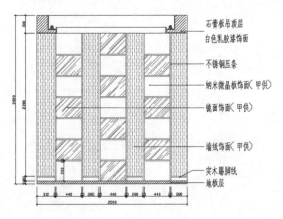

图 6-24

STEP 25 执行"复制"命令,复制平面图例说明,双击文字可更改文字内容,执行"缩放"命令,缩放图标,设置缩放比例为 20/50,如图 6-25 所示。

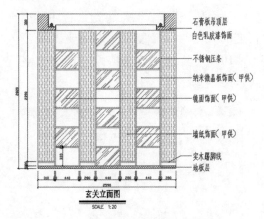

图 6-25

【听我讲】

6.1 尺寸标注

尺寸标注能够直观地反映出图形尺寸。一个完整的尺寸标注由尺寸界线、尺寸线、尺寸文字、尺寸箭头、中心标记等部分组成。下面将分别对其进行简单介绍。

- 尺寸界线：用于标注尺寸的界限。从图形的轮廓线、轴线或对称中心线引出，有时也可以利用轮廓线代替，用以表示尺寸起始位置。一般情况下，尺寸界线应与尺寸线相互垂直。
- 尺寸线：用于指定标注的方向和范围。对于线性标注，尺寸线显示为一直线段；对于角度标注，尺寸线显示为一段圆弧。
- 尺寸文字：用于显示测量值的字符串，其中包括前缀、后缀和公差等。在 AutoCAD 中可对标注的文字进行替换。尺寸文字可放在尺寸线上，也可放在尺寸线之间。
- 尺寸箭头：位于尺寸线两端，用于表明尺寸线的实际位置。在 AutoCAD 中可对标注箭头的样式进行设置。
- 中心标记：标记圆或圆弧的中心点位置。

6.2 常见尺寸标注

AutoCAD 软件提供了多种尺寸标注类型，其中包括标注任意两点间的距离、圆或圆弧的半径和直径、圆心位置、圆弧或相交直线的角度等。下面分别向用户介绍如何给图形创建尺寸标注。

6.2.1 线型标注

线型标注用于标注图形的线型距离或长度。它是最基本的标注类型，可以在图形中创建水平、垂直或倾斜的尺寸标注。执行"注释→标注→线性⊢"命令，根据命令行中的提示，指定图形的两个测量点，并指定好尺寸线位置即可，如图 6-26、图 6-27 所示。命令行的提示及相关操作说明如下。

```
命令：_dimlinear
指定第一个尺寸界线原点或 <选择对象>:        (捕捉第一测量点)
指定第二个尺寸界线原点：                    (捕捉第二测量点)
```

指定尺寸线位置或

[多行文字 (M)/ 文字 (T)/ 角度 (A)/ 水平 (H)/ 垂直 (V)/ 旋转 (R)]:　　 (指定好尺寸线位置)

标注文字 = 850

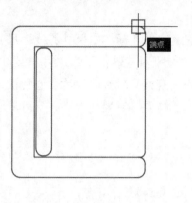

图 6-26

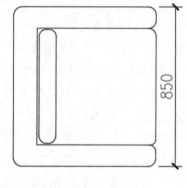

图 6-27

其中，命令行中各选项的含义介绍如下。

- 多行文字：该选项可以通过使用"多行文字"命令来编辑标注的文字内容。
- 文字：该选项可以单行文字的形式输入标注文字。
- 角度：该选项用于设置标注文字方向与标注端点连线之间的夹角。默认为 0。
- 水平 \ 垂直：该选项用于标注水平尺寸和垂直尺寸。选择该选项时，可直接确定尺寸线的位置，也可以选择其他选项来指定标注的文字内容或文字的旋转角度。
- 旋转：该选项用于放置旋转标注对象的尺寸线。

6.2.2　对齐标注

对齐标注用于创建倾斜向上直线或两点间的距离。用户可执行"注释→标注→对齐↖"命令，根据命令行提示，捕捉图形两个测量点，指定好尺寸线位置即可，如图 6-28、图 6-29 所示。命令行的提示及相关操作说明如下。

命令 : _dimaligned

指定第一个尺寸界线原点或 < 选择对象 >:　　　　　　　 (捕捉第一测量点)

指定第二个尺寸界线原点:　　　　　　　　　　　　 (捕捉第二测量点)

指定尺寸线位置或

[多行文字 (M)/ 文字 (T)/ 角度 (A)]:　　　　　　　　 (指定好尺寸线位置)

标注文字 = 800

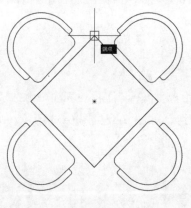

图 6-28

图 6-29

6.2.3　角度标注

　　角度标注可准确测量出两条线段之间的夹角。角度标注默认的方式是选择一个对象，有 4 种对象可以选择，即圆弧、圆、直线和点。执行"注释→标注→角度△"命令，根据命令行中提示信息，选中夹角的两条测量线段，指定好尺寸标注位置即可完成，如图 6-30、图 6-31 所示。命令行的提示及相关操作说明如下。

```
命令：_dimangular
选择圆弧、圆、直线或 < 指定顶点 >:　　　　　　　　　（选择夹角一条测量边）
选择第二条直线:　　　　　　　　　　　　　　　　　　（选择夹角另一条测量边）
指定标注弧线位置或 [ 多行文字 (M)/ 文字 (T)/ 角度 (A)/ 象限点 (Q)]:
　　　　　　　　　　　　　　　　　　　　　　　　　　（指定尺寸标注位置）

标注文字 = 180
```

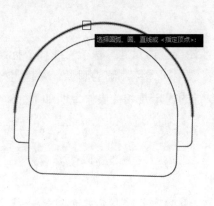

图 6-30

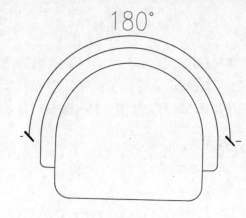

图 6-31

在进行角度标注时，选择尺寸标注的位置很关键，当尺寸标注放置在当前测量角度之外时，所测量的角度则是当前角度的补角。

6.2.4 弧长标注

弧长标注主要用于测量圆弧或多段线弧线段的距离。执行"注释→标注→弧线"命令，根据命令行中的提示信息，选中所需测量的弧线即可，如图 6-32、图 6-33 所示。命令行的提示及相关操作说明如下。

命令：_dimarc

选择弧线段或多段线圆弧段：　　　　　　　　　　（选择所需测量的弧线）

指定弧长标注位置或 [多行文字 (M)/ 文字 (T)/ 角度 (A)/ 部分 (P)/ 引线 (L)]:

　　　　　　　　　　　　　　　　　　　　（指定尺寸标注位置）

标注文字 = 840

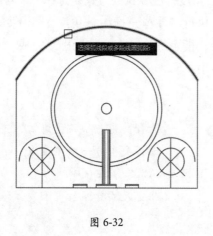

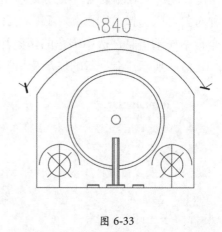

图 6-32　　　　　　　　　　　　　　　　　图 6-33

6.2.5 半径 / 直径标注

半径标注 / 直径标注主要用于标注圆或圆弧的半径或直径尺寸。执行"注释→标注→半径◎ / 直径◎"命令，根据命令行中的提示信息，选中所需标注圆的圆弧，并指定好尺寸标注位置点即可，如图 6-34、图 6-35 所示。命令行的提示及相关操作说明如下。

命令：_dimradius

选择圆弧或圆：　　　　　　　　　　　　　　　（选择圆弧）

标注文字 = 76

指定尺寸线位置或 [多行文字 (M)/ 文字 (T)/ 角度 (A)]:　　（指定尺寸线位置）

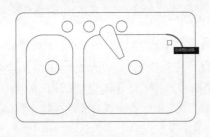

图 6-34

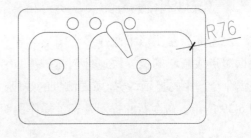

图 6-35

绘图技巧

对圆弧进行标注时，半径或直径标注不需要直接沿圆弧进行设置。如果标注位于圆弧末尾之后，则沿进行标注圆弧的路径绘制延伸线。

6.2.6　连续标注

连续标注可以用于标注同一方向上连续的线性标注或角度标注，它是以上一个标注或指定标注的第二条尺寸界线为基准连续创建。执行"注释→标注→连续标注⊞"命令，选择上一个尺寸界线，依次捕捉剩余测量点，按 Enter 键完成操作，如图 6-36、图 6-37 所示。命令行的提示及相关操作说明如下。

```
命令：_dimcontinue
选择连续标注：                                   （选择上一个标注界线）
指定第二条尺寸界线原点或 [ 放弃 (U)/ 选择 (S)]＜选择＞：  （依次捕捉下一个测量点）
标注文字 = 439
指定第二条尺寸界线原点或 [ 放弃 (U)/ 选择 (S)]＜选择＞：
标注文字 =439
选择连续标注：* 取消 *
```

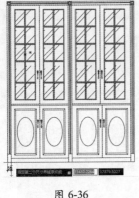

图 6-36

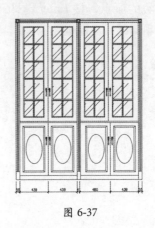

图 6-37

6.2.7 快速标注

快速标注在图形中选择多个图形对象，系统将自动查找所选对象的端点或圆心，并根据端点或圆心的位置快速地创建标注尺寸。执行"注释→标注→快速标注 "命令，根据命令行中的提示，选择所要测量的线段，移动光标，指定好尺寸线位置即可，如图6-38、图6-39所示。命令行的提示及相关操作说明如下。

> 命令：QDIM
> 关联标注优先级 = 端点
> 选择要标注的几何图形：找到 1 个   （选择要标注的线段）
> 选择要标注的几何图形：
> 指定尺寸线位置或 [连续 (C)/ 并列 (S)/ 基线 (B)/ 坐标 (O)/ 半径 (R)/ 直径 (D)/ 基准点 (P)/ 编辑 (E)/ 设置 (T)] < 连续 >：   （指定尺寸线位置）

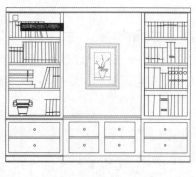

图 6-38

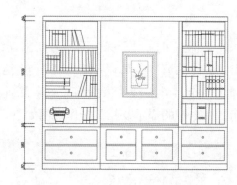

图 6-39

6.2.8 基线标注

基线标注又称为平行尺寸标注，用于多个尺寸标注使用同一条尺寸线作为尺寸界线的情况。执行"注释→标注→基线 "命令，选择所需指定的基准标注，然后依次捕捉其他延伸线的原点，按 Enter 键即可创建出基线标注，如图6-40、图6-41所示。命令行的提示及相关操作说明如下。

> 命令：_dimbaseline
> 选择基准标注：   （选择第一个基准标注界线）
> 指定第二条尺寸界线原点或 [放弃 (U)/ 选择 (S)] < 选择 >：（依次捕捉尺寸测量点）
> 标注文字 = 2230
> 指定第二条尺寸界线原点或 [放弃 (U)/ 选择 (S)] < 选择 >：
> 标注文字 = 3030

图 6-40　　　　　　　　　　　　　　　　　　图 6-41

6.2.9　折弯半径标注

折弯半径标注命令主要用于圆弧半径过大，圆心无法在当前布局中进行显示的圆弧。执行"注释→标注→折弯 ⅓"命令，根据命令行提示，指定所需标注的圆弧，然后指定图示中心位置和尺寸线位置，最后指定折弯位置即可，如图 6-42、图 6-43 所示。命令行的提示及相关操作说明如下。

命令：_dimjogged
选择圆弧或圆：　　　　　　　　　　　　　　（选择所需标注的圆弧）
指定图示中心位置：　　　　　　　　　　　　（选择图示中心位置）
标注文字 = 24
指定尺寸线位置或 [多行文字 (M)/ 文字 (T)/ 角度 (A)]:
　　　　　　　　　　　　　　　　　　　　　（指定尺寸线位置）
指定折弯位置：　　　　　　　　　　　　　　（指定折弯位置）

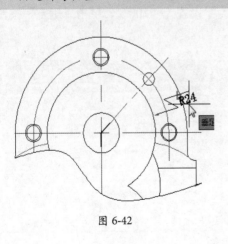

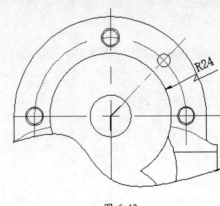

图 6-42　　　　　　　　　　　　　　　　　　图 6-43

6.3 引线标注

在 AutoCAD 制图中，引线标注用于注释对象信息。它是从指定的位置绘制出一条引线来对图形进行标注的。常用于对图形中某些特定的对象进行注释说明。在创建引线标注的过程中，可以控制引线的形式、箭头的外观形式、尺寸文字的对齐方式。

6.3.1 创建多重引线

在创建多重引线前，通常都需要对多重引线的样式进行创建。系统默认引线样式为 Standard。引线样式的创建操作具体介绍如下。

STEP 01 执行"注释→引线 ↘"命令，打开"多重引线样式管理器"对话框，如图 6-44 所示。

STEP 02 单击"新建"按钮，在弹出的"创建新多重引线样式"对话框中，输入新样式名称，然后单击"继续"按钮，如图 6-45 所示。

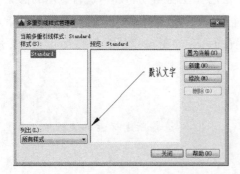

图 6-44

图 6-45

STEP 03 在"修改多重引线样式"对话框的"引线格式"选项卡中，将"箭头符号"设置为"实心闭合"，将其"大小"设置为"50"，如图 6-46 所示。

STEP 04 单击"内容"选项卡，将"文字高度"设置为"100"，单击"确定"按钮，如图 6-47 所示。

图 6-46

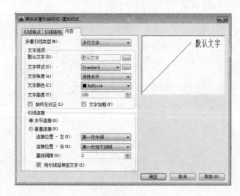

图 6-47

STEP **05** 返回上一层对话框，单击"置为当前"按钮，完成多线样式的设置。

引线样式设置完成后，即可进行多重引线的创建了。下面举例对引线的应用操作进行介绍。

STEP **01** 执行"注释→引线→多重引线"命令，根据命令行提示，在绘图区中指定引线的起点，并移动光标，指定好引线端点位置，如图6-48所示。

STEP **02** 在光标处输入所要注释的内容，其后单击空白区域，即可完成操作，如图6-49所示。命令行的提示及相关操作说明示如下。

命令：_mleader

指定引线箭头的位置或 [引线基线优先 (L)/ 内容优先 (C)/ 选项 (O)] ＜选项＞:

（指定引线起点位置）

指定引线基线的位置：　　　　　　　　　　（指定引线端点位置）

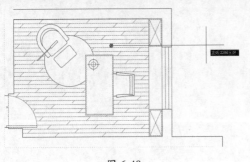

图 6-48

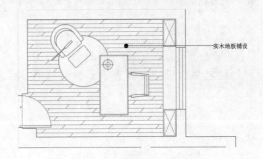

图 6-49

6.3.2　添加 \ 删除引线

在绘图中，如果遇到需要创建同样的引线注释时，使用"添加引线"功能即可轻松完成操作。这样可避免一些重复的操作，从而减少了绘图时间。

执行"注释→引线→添加引线"命令，根据命令行提示，选中创建好的引线注释，然后，在绘图区中指定其他需注释的位置点即可，如图6-50、图6-51所示。命令行的提示及相关操作说明如下。

命令：

选择多重引线：　　　　　　　　　　　　　（选择共同的引线注释）

找到 1 个

指定引线箭头位置或 [删除引线 (R)]：　　　（指定好引线箭头位置）

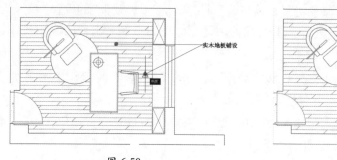

图 6-50

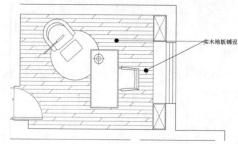

图 6-51

若想删除多余的引线标注，用户可使用"注释→标注→删除引线"命令，根据命令行中的提示，选择需删除的引线，按 Enter 键即可，如图 6-52、图 6-53 所示。命令行的提示及相关操作说明如下。

命令：

选择多重引线：　　　　　　　　　　　　　　　　（选择多重引线）

找到 1 个

指定要删除的引线或 [添加引线 (A)]:　　　　　　（选择要删除的引线）

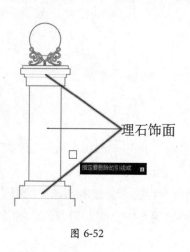

图 6-52

图 6-53

6.3.3　对齐引线

有时创建好的引线长短不一，使得画面不太美观。此时用户可使用"对齐引线"功能，将这些引线注释进行对齐操作。执行"注释→引线→对齐引线 "命令，根据命令行提示，选中所有需对齐的引线标注，然后选择需要对齐到的引线标注，并指定好对齐方向即可，如图 6-54、图 6-55 所示。命令行的提示及相关操作说明如下。

命令：_mleaderalign
选择多重引线：指定对角点：找到 4 个
选择多重引线：　　　　　　　　　　　　　　（选择所有需对齐的引线，按空格键）
当前模式：使用当前间距
选择要对齐到的多重引线或 [选项 (O)]：　　（选择需对齐到的引线）
指定方向：　　　　　　　　　　　　　　　　（指定对齐方向）

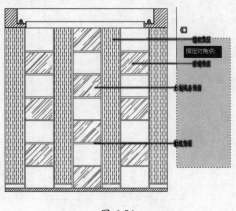

图 6-54　　　　　　　　　　　　　　　　　　图 6-55

6.4　尺寸标注的编辑

　　尺寸标注创建完毕后，若对该标注不满意，也可使用各种编辑功能，对创建好的尺寸标注进行修改编辑。其编辑功能包括修改尺寸标注文本、调整标注文字位置、分解尺寸对象等。

6.4.1　编辑标注文本

　　如果要对标注的文本进行编辑，可使用"编辑标注文字"命令来设置。该命令可修改一个或多个标注文本的内容、方向、位置及设置倾斜尺寸线等操作。下面分别对其操作进行介绍。

1. 修改标注内容
　　若要对当前文件标注内容，只需双击所要修改的尺寸标注，在打开的文本编辑框中，输入新标注内容，其后单击绘图区空白处即可，如图 6-56、图 6-57 所示。

AutoCAD 2016
辅助设计与制作案例技能实训教程

CHAPTER 06

CHAPTER 07

CHAPTER 08

CHAPTER 09

CHAPTER 10

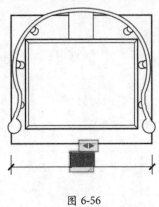

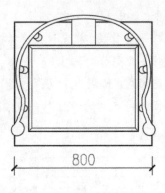

图 6-56   图 6-57

当进入文本编辑器后，用户也可对文本的颜色、大小、字体进行修改。

2. 修改标注角度

执行"注释→标注→文字角度↘"命令，根据命令行提示，选中需要修改的标注文本，并输入文字角度即可，如图 6-58、图 6-59 所示。

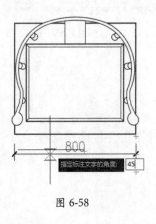
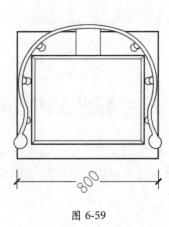

图 6-58   图 6-59

3. 修改标注位置

执行"注释→标注→左对正 ┝━┥ / 居中对正 ┝━┥ / 右对正 ┝━┥"命令，根据命令行提示，选中需要编辑的标注文本，即可完成相应的设置。其效果分别如图 6-60 至图 6-62 所示。

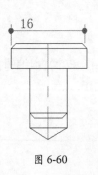
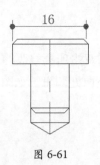
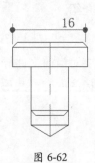

图 6-60   图 6-61   图 6-62

4. 倾斜标注尺寸线

执行"注释→标注→倾斜 *H*"命令，根据命令行提示，选中所需设置的标注尺寸线，并输入倾斜角度，按 Enter 键即可完成修改设置，如图 6-63、图 6-64 所示。

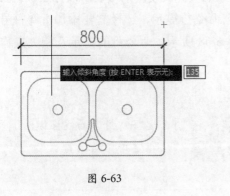

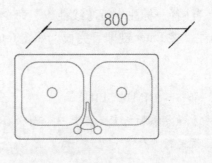

图 6-63

图 6-64

6.4.2　调整标注间距

调整标注间距可调整平行尺寸线之间的距离，使其间距相等或在尺寸线处相互对齐。执行"注释→标注→调整间距"命令，根据命令行中的提示选中基准标注，其后选择要产生间距的尺寸标注，并输入间距值，按 Enter 键即可完成，如图 6-65、图 6-66 所示。命令行的提示及相关操作说明如下。

命令：_DIMSPACE
选择基准标注：　　　　　　　　　　　　　　　　（选择基准标注）
选择要产生间距的标注：指定对角点：找到 3 个　　（选择剩余要调整的标注线）
选择要产生间距的标注：　　　　　　　　　　　　（按 Enter 键）
输入值或 [自动 (A)] < 自动 >: 10　　　　　　　（输入调整间距值，按 Enter 键）

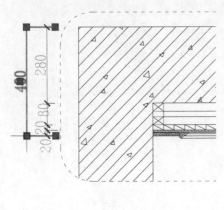

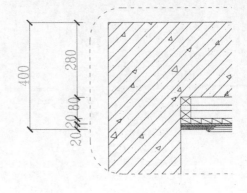

图 6-65

图 6-66

6.4.3 编辑折弯线性标注

折弯线性标注可以向线性标注中添加折弯线，来表示实际测量值与尺寸界线之间的长度不同，如果显示的标注对象小于被标注对象的实际长度，则可使用该标注形式表示。执行"注释→标注→折弯线性 ∿"命令，根据命令行提示，选择需要添加折弯符号的线性标注，按 Enter 键即可完成，如图 6-67、图 6-68 所示。命令行的提示及相关操作说明如下。

命令：_DIMJOGLINE
选择要添加折弯的标注或 [删除 (R)]:   (选择需折弯的线性标注)
指定折弯位置 (或按 Enter 键):   (指定折弯点位置)

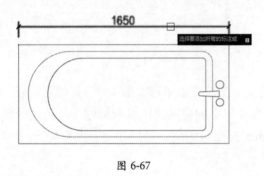

图 6-67

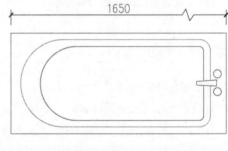

图 6-68

【自己练】

项目练习 1   绘制立面图

💻 **图纸展示，如图 6-69 所示。**

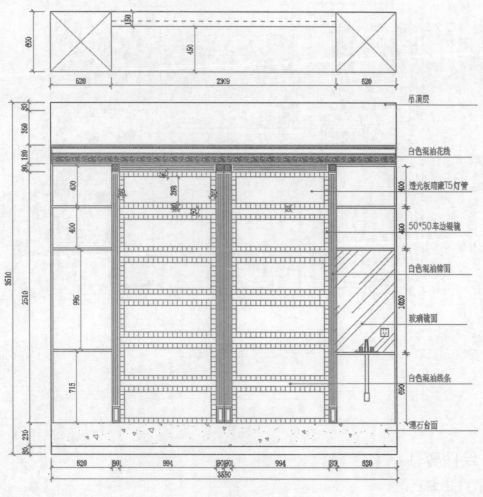

图 6-69

💻 **绘图要领：**

(1) 新建标注样式。

(2) 标注尺寸。

(3) 调整标注。

项目练习2　绘制别墅二层顶面尺寸图

🖥 **图纸展示，如图6-70所示。**

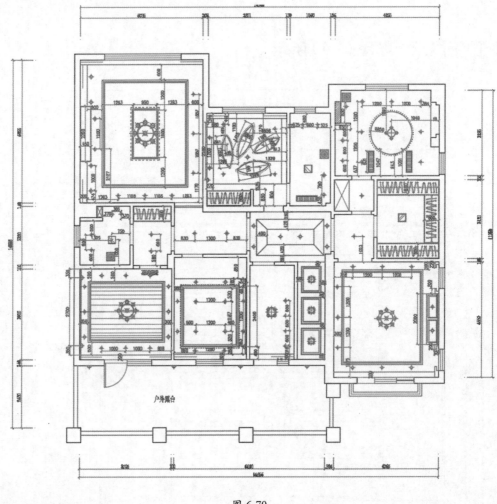

图 6-70

🖥 **绘图要领：**

(1) 标注样式设置。

(2) 尺寸标注命令应用。

第7章

绘制双人床模型
——创建三维图形详解

本章概述:

AutoCAD 2016除具有强大的二维绘图功能外, 还具备基本的三维造型能力。若物体并无复杂的外表曲面及多变的空间结构关系, 则使用 AutoCAD 2016 可以很方便地建立物体的三维模型。本章将介绍 AutoCAD 三维绘图的基本知识。

要点难点:

三维绘图基础命令 ★★☆

基本实体的创建 ★★★

二维图形转换成三维实体 ★★★

双人床模型的创建 ★★★

案例预览:

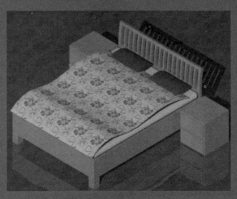

双人床模型的绘制

【跟我练】制作双人床模型

📺 案例描述

本案例将讲解双人床模型的绘制。在绘制的过程中，所运用到的操作命令有二维镜像、并集、差集、多段线、编辑多段线、材质贴图及渲染面域等。

📺 制作过程

STEP 01 启动 AutoCAD 2016 软件，将当前视图设为俯视图，单击"矩形"命令，绘制出一个长为 2000mm；宽为 1500mm的长方形，并将其拉伸为 300mm，结果如图 7-1 所示。

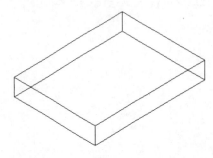

图 7-1

STEP 02 单击"长方体"命令，绘制出一个长为 100mm、宽为 100mm、高为150mm 的长方形作为床腿，并移至床板适当位置，结果如图 7-2 所示。

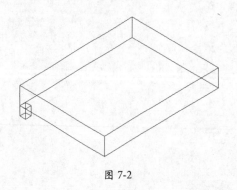

图 7-2

STEP 03 执行"三维镜像"命令，将床腿进行镜像，如图 7-3 所示。

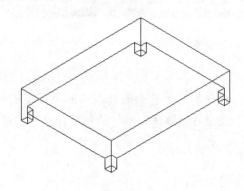

图 7-3

命令行提示如下。

命令：_3darray
选择对象：指定对角点：找到 1 个选择对象：输入阵列类型 [矩形 (R)/ 环形(P)] <R>: _R
输入行数 (---) <1>: 2
输入列数 (|||) <1> 2
输入行间距或指定单位单元 (---):
1500.000000000001
指定列间距 (|||): 2000.000000000000

STEP 04 单击"并集"命令，将床腿和床板模型进行合并，结果如图 7-4 所示。

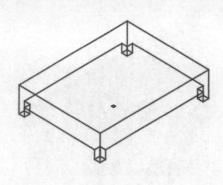

图 7-4

STEP 05 单击"长方体"命令，绘制一个长 1950mm、宽 1500mm、高 100mm 的长方形作为床垫，放置图形至合适位置，如图 7-5 所示。

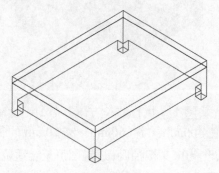

图 7-5

STEP 06 执行"倒圆角"命令，将其倒圆角，圆角半径为 50mm，结果如图 7-6 所示。

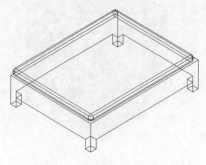

图 7-6

STEP 07 将当前视图设为后视图，单击"多段线"命令，绘制床靠背横截面，结果如图 7-7 所示。

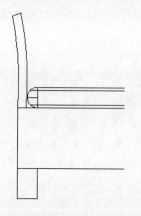

图 7-7

STEP 08 执行"拉伸"命令，将床靠背进行拉伸，拉伸距离为 1500mm，单击后如图 7-8 所示。

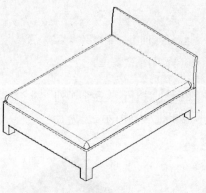

图 7-8

STEP 09 执行"长方体"命令，绘制长 90mm、宽 50mm、高 300mm 的长方体，放置床靠背中，如图 7-9 所示。

图 7-9

命令行的提示及相关操作说明如下。

命令：_3darray

选择对象：找到 1 个 （选择刚绘制的长方体）

选择对象：（按 Enter 键）

输入阵列类型 [矩形 (R)/ 环形 (P)] < 矩形 >:r

（选择"矩形"选项）

输入行数 (---) <1>: 18

（输入阵列数值）

输入列数 (|||) <1>:

（按 Enter 键）

输入层数 (...) <1>:

（按 Enter 键）

指定行间距 (---): 80

（输入间距数值）

STEP 10 执行"三维阵列"命令，将其阵列，如图 7-10 所示。

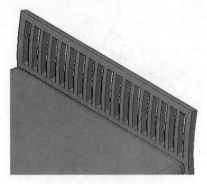

图 7-11

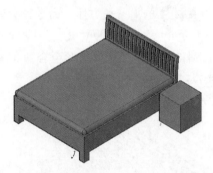

图 7-12

STEP 13 执行"长方体"命令，绘制一个长 400mm、宽 180mm、高 20mm 的长方体，作为床头柜抽屉，放置图形至合适位置，如图 7-13 所示。

图 7-10

STEP 11 执行"差集"命令，将阵列后的长方体从靠背中减去，如图 7-11 所示。

STEP 12 执行"长方体"命令，绘制一个长 450mm、宽 450mm、高 500mm 的长方体，作为床头柜轮廓，放置图形至合适位置，如图 7-12 所示。

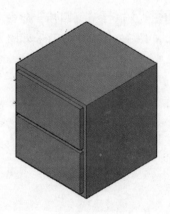

图 7-13

STEP 14 执行"长方体"命令，绘制一个长 200mm、宽 50mm、高 10mm 的长方体，作为抽屉拉手，放置图形至合适位置，如图 7-14 所示。

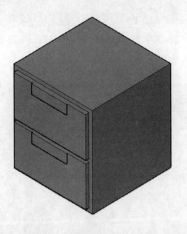

图 7-14

STEP 15 执行"并集"命令，选择床头柜和拉手，合并床头柜，如图 7-15 所示。

STEP 16 执行"三维镜像"命令，将绘制好的柜体进行镜像，如图 7-16 所示。

图 7-15

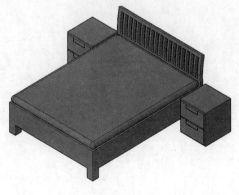

图 7-16

STEP 17 将视图设为后视图，执行"多段线"命令，绘制枕头以及被单轮廓线，如图 7-17 所示。

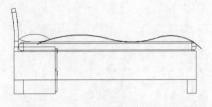

图 17-17

STEP 18 执行"拉伸"命令，将其分别进行拉伸，如图 7-18 所示。

图 7-18

STEP 19 执行"渲染→材质"命令，打开"材质浏览器"对话框，如图 7-19 所示。

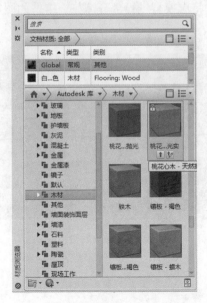

图 7-19

STEP 20 在当前对话框中，在"Autodesk库"下拉框中双击"樱桃‑浅色"样式，打开"材质编辑器"面板，设置参数，如图 7-20 所示。

图 7-20

STEP 21 执行"材质"命令，将双人床赋予合适的材质，单击"渲染面域"命令，将床模型进行部分渲染，结果如图 7-21 所示。

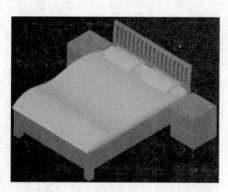

图 7-21

STEP 22 同样单击"材质"命令，将床单和枕头赋予合适的材质，结果如图 7-22 所示。

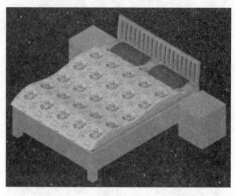

图 7-22

STEP 23 打开"阳光特性"功能，启动太阳光，单击"渲染面域"命令，将图形渲染出图。至此，床模型已绘制完毕，如图 7-23 所示。

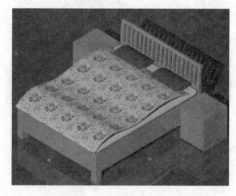

图 7-23

【听我讲】

7.1 三维绘图基础

使用 AutoCAD 2016 进行三维模型的绘制时，首先要掌握三维绘图的基础知识，如三维视图、三维坐标系和动态 UCS 等，然后才能快速、准确地完成三维模型的绘制。

在 AutoCAD 2016 中绘制三维模型时，首先应将工作空间切换为"三维建模"工作空间，如图 7-24 所示。

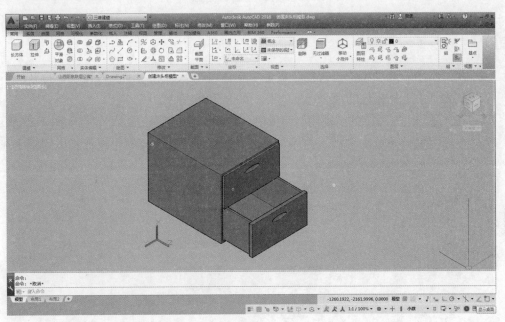

图 7-24

用户可以通过以下方法切换工作空间。

● 执行"工具→工作空间→三维建模"命令，即可切换至"三维建模"工作空间。

● 单击快速访问工具栏中的"工作空间"下拉按钮 草图与注释 ▼ ，在打开的下拉列表框中选择"三维建模"选项，即可切换至"三维建模"工作空间。

● 单击状态栏中的"切换工作空间"按钮，在弹出的快捷菜单中选择"三维建模"选项，即可切换至"三维建模"工作空间。

7.1.1 设置三维视图

绘制三维模型时，由于模型有多个面，仅从一个角度不能观看到模型的其他面，因此，应根据情况选择相应的观察点。三维视图样式有多种，其中包括俯视、仰视、左视、右视、前视、后视、西南等轴测、东南等轴测、东北等轴测和西北等轴测。

在 AutoCAD 2016 中，用户可以通过以下方法设置三维视图。

- 执行"视图→三维视图"命令中的子命令，如图 7-25 所示。

图 7-25

- 在"常用"选项卡的"视图"面板中单击"三维导航"下拉按钮，在打开的下拉列表框中选择相应的视图选项即可，如图 7-26 所示。
- 在"视图"选项卡的"视图"面板中，选择相应的视图选项即可，如图 7-27 所示。
- 在绘图窗口中单击"视图控件"图标，在打开的快捷菜单中选择相应的视图选项即可，如图 7-28 所示。

图 7-26   图 7-27   图 7-28

7.1.2   三维坐标系

三维坐标分为世界坐标系和用户坐标系两种。其中世界坐标系为系统默认坐标系，它的坐标原点和方向为固定不变的。用户坐标系则可根据绘图需求，改变坐标原点和方向，其使用起来较为灵活。

在 AutoCAD 2016 中，使用 UCS 命令可创建用户坐标系。用户可以通过以下方法执行 UCS 命令。

- 执行"工具→新建 UCS"命令中的子命令。
- 在"常用"选项卡的"坐标"面板中单击相关新建 UCS 按钮。
- 在命令行中输入 UCS，然后按 Enter 键。

执行 UCS 命令后，命令行提示内容如下。

> 命令 : UCS
>
> 当前 UCS 名称 : *世界 *
>
> 指定 UCS 的原点或 [面 (F)/ 命名 (NA)/ 对象 (OB)/ 上一个 (P)/ 视图 (V)/ 世界 (W)/ X/Y/Z/Z 轴 (ZA)] < 世界 >:

在命令行中，各选项的含义介绍如下。

- 指定 UCS 的原点：使用一点、两点或三点定义一个新的 UCS。指定单个点后，命令提示行将提示"指定 X 轴上的点或 < 接受→ :"，此时，按 Enter 键选择"接受"选项，当前 UCS 的原点将会移动而不会更改 X、Y 和 Z 轴的方向；如果在此提示下指定第二个点，UCS 将绕先前指定的原点旋转，以使 UCS 的 X 正半轴通过该点；如果指定第三点，UCS 将绕 X 轴旋转，以使 UCS 的 Y 正半轴包含该点。
- 面：用于将 UCS 与三维对象的选定面对齐，UCS 的 X 轴将与找到的第一个面上最近的边对齐。
- 命名：按名称保存并恢复通常使用的 UCS 坐标系。
- 对象：根据选定的三维对象定义新的坐标系。新 UCS 的拉伸方向为选定对象的方向。此选项不能用于三维多段线、三维网格和构造线。
- 上一个：恢复上一个 UCS 坐标系。程序会保留在图纸空间中创建的最后 10 个坐标系和在模型空间中创建的最后 10 个坐标系。
- 视图：以平行于屏幕的平面为 XY 平面建立新的坐标系，UCS 原点保持不变。
- 世界：将当前用户坐标系设置为世界坐标系。UCS 是所有用户坐标系的基准，不能被重新定义。
- X/Y/Z：绕指定的轴旋转当前 UCS 坐标系。通过指定原点和正半轴绕 X、Y 或 Z 轴旋转。
- Z 轴：用指定的 Z 正半轴定义新的坐标系。选择该选项后，可以指定新原点和位于新建 Z 轴正半轴上的点；或选择一个对象，将 Z 轴与离选定对象最近的端点的切线方向对齐。

7.1.3　设置视觉样式

在等轴测视图中绘制三维模型时，默认状况下是以线框方式显示的。用户可以使用多种不同的视图样式来观察三维模型，如真实、隐藏等。通过以下方法可执行视觉样式命令。

- 执行"视图→视觉样式"命令中的子命令。
- 在"常用"选项卡的"视图"面板中单击"视觉样式"下拉按钮，在打开的下拉列表框中选择相应的视觉样式选项即可。
- 在"视图"选项卡的"视觉样式"面板中单击"视觉样式"下拉按钮，在打开的下拉列表框中选择相应的视觉样式选项即可。
- 在绘图窗口中单击"视图样式"图标，在打开的快捷菜单中选择相应的视图样式选项即可。

1．二维线框样式

二维线框视觉样式使用表现实体边界的直线和曲线来显示三维对象。在该模式中光栅和嵌入对象、线型及线宽均是可见的，并且线与线之间都是重复叠加的，如图 7-29 所示。

2．概念视觉样式

概念视觉样式显示着色后的多边形平面间的对象，并使对象的边平滑化。该视觉样式缺乏真实感，但可以方便用户查看模型的细节，如图 7-30 所示。

3．真实视觉样式

真实视觉样式显示着色后的多边形平面间的对象，对可见的表面提供平滑的颜色过渡，其表达效果进一步提高，同时显示已经附着到对象上的材质效果，如图 7-31 所示。

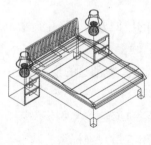　　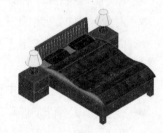

图 7-29　　　　　　　　　图 7-30　　　　　　　　　图 7-31

4．其他样式

在 AutoCAD 2016 中，还包括隐藏、着色、带边框着色、灰度、勾画视觉和线框等视觉样式。

(1) 隐藏样式。

隐藏视觉样式与概念视觉样式相似，但是概念视觉样式是以灰度显示，并略带有阴影光线；而隐藏视觉样式则以白色显示，如图 7-32 所示。

(2) 着色样式。

着色视觉样式可使实体产生平滑的着色模型，如图 7-33 所示。

(3) 带边框着色样式。

带边框着色视觉样式可以使用平滑着色和可见边显示对象，如图 7-34 所示。

图 7-32   图 7-33   图 7-34

(4) 灰度样式。

灰度视觉样式使用平滑着色和单色灰度显示对象，如图 7-35 所示。

(5) 勾画样式。

勾画视觉样式使用线延伸和抖动边修改器显示手绘效果的对象，如图 7-36 所示。

(6) 线框样式。

线框视觉样式通过使用直线和曲线表示边界的方式显示对象，如图 7-37 所示。

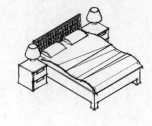

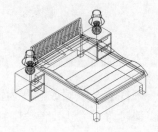

图 7-35   图 7-36   图 7-37

7.2   基本实体的创建

基本的三维实体主要包括长方体、球体、圆柱体、圆锥体和圆环体等。下面将介绍这些实体的绘制方法。

7.2.1   长方体

长方体是最基本的实体对象，用户可以通过以下方法执行"长方体"命令。

● 执行"绘图→建模→长方体"命令。

● 在"常用"选项卡的"建模"面板中单击"长方体"按钮▱。

● 在"实体"选项卡的"图元"面板中单击"长方体"按钮▱。

● 在命令行中输入 BOX，然后按 Enter 键。

执行"长方体"命令后，根据命令行中的提示创建长方体，如图 7-38、图 7-39 所示。

命令行的提示及相关操作说明如下。

命令：_box
指定第一个角点或 [中心 (C)]: 0,0,0   （指定一点）
指定其他角点或 [立方体 (C)/ 长度 (L)]: @200,300,0   （输入 @200,300,0）
指定高度或 [两点 (2P)] <200.0000>: 300   （输入 300）

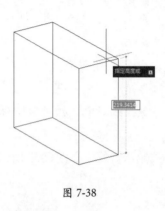

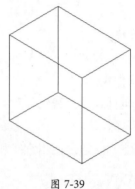

图 7-38   图 7-39

7.2.2　圆柱体

圆柱体是以圆或椭圆为截面形状，沿该截面法线方向拉伸所形成的实体特征。用户可以通过以下方法执行"圆柱体"命令。

- 执行"绘图→建模→圆柱体"命令。
- 在"常用"选项卡的"建模"面板中单击"圆柱体"按钮圆。
- 在"实体"选项卡的"图元"面板中单击"圆柱体"按钮圆。
- 在命令行中输入 CYL 命令，然后按 Enter 键。

执行"圆柱体"命令后，根据命令行中的提示创建圆柱体，如图 7-40、图 7-41 所示。命令行的提示及相关操作说明如下。

命令：_cylinder
指定底面的中心点或 [三点 (3P)/ 两点 (2P)/ 切点、切点、半径 (T)/ 椭圆 (E)]:
                                                     （指定一点）
指定底面半径或 [直径 (D)]: 200   （输入 200）
指定高度或 [两点 (2P)/ 轴端点 (A)] <300.0000>: 350   （输入 350）

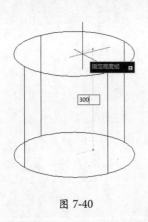

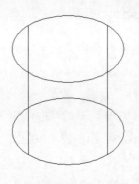

图 7-40

图 7-41

7.2.3 楔体

楔体可以看作是以矩形为底面,其一边沿法线方向拉伸所形成的具有楔状特征的实体,也就是 1/2 长方体。其表面总是平行于当前的 UCS,其斜面沿 Z 轴倾斜。用户可以通过以下方法执行"楔体"命令。

- 执行"绘图→建模→楔体"命令。
- 在"常用"选项卡的"建模"面板中单击"楔体"按钮 。
- 在命令行中输入 WE 命令,然后按 Enter 键。

执行"楔体"命令后,根据命令行中的提示创建楔体,如图 7-42、图 7-43 所示。命令行的提示及相关操作说明如下。

```
命令:_wedge
指定第一个角点或 [ 中心 (C)]:                            (指定一点)
指定其他角点或 [ 立方体 (C)/ 长度 (L)]: @-250,300,0      (输入点坐标值 @-250,300,0)
指定高度或 [ 两点 (2P)] <30.0000>: 300                   (输入高度值 300)
```

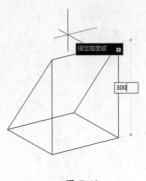

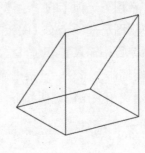

图 7-42

图 7-43

7.2.4　球体

　　球体是到一个点即球心的距离相等的所有点的集合所形成的实体。用户可以通过以下方法执行"球体"命令。

- 执行"绘图→建模→球体"命令。
- 在"常用"选项卡的"建模"面板中单击"球体"按钮◎。
- 在命令行中输入 SPHERE 命令，然后按 Enter 键。

　　执行"球体"命令后，根据命令行中的提示创建球体，如图 7-44、图 7-45 所示。命令行的提示及相关操作说明如下。

```
命令：_sphere
指定中心点或 [ 三点 (3P)/ 两点 (2P)/ 切点、切点、半径 (T)]:    （指定一点）
指定半径或 [ 直径 (D)] <200.0000>: 200                      （输入半径值 200）
```

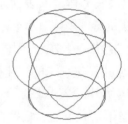

图 7-44　　　　　　　　　　　　　　　　　　　　图 7-45

7.2.5　圆环体

　　圆环体可以看作是绕圆轮廓线与其共面的直线旋转所形成的实体特征。用户可以通过以下方法执行"圆环体"命令。

- 执行"绘图→建模→圆环体"命令。
- 在"常用"选项卡的"建模"面板中单击"圆环体"按钮◎。
- 在"视图"选项卡的"图元"面板中单击"圆环体"按钮◎。
- 在命令行中输入 TOR 命令，然后按 Enter 键。

　　执行"圆环体"命令后，根据命令行中的提示创建圆环体，如图 7-46、图 7-47 所示。命令行的提示及相关操作说明如下。

```
命令：_torus
指定中心点或 [ 三点 (3P)/ 两点 (2P)/ 切点、切点、半径 (T)]:    （指定一点）
指定半径或 [ 直径 (D)] <200.0000>: 300                      （输入半径值 300）
指定圆管半径或 [ 两点 (2P)/ 直径 (D)]: 40                    （输入圆管半径值 40）
```

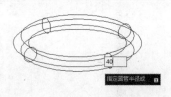

图 7-46

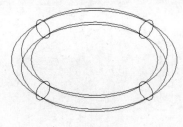

图 7-47

7.3　二维图形生成实体

在 AutoCAD 2016 中，除了使用三维绘图命令绘制实体模型外，还可以将绘制的二维图形进行拉伸、旋转、放样和扫掠等编辑，将其转换为三维实体模型。

7.3.1　拉伸实体

使用拉伸命令，可以绘制各种柱体、台形体和沿指定路径拉伸形成的拉伸实体。用户可以通过以下方法执行"拉伸"命令。

- 执行"绘图→建模→拉伸"命令。
- 在"常用"选项卡的"建模"面板中单击"拉伸"按钮▦。
- 在"实体"选项卡的"实体"面板中单击"拉伸"按钮▦。
- 在命令行中输入 EXT 命令，然后按 Enter 键。

执行"拉伸"命令后，根据命令行中的提示拉伸实体，如图 7-48、图 7-49 所示。命令行的提示及相关操作说明如下。

> 命令：_extrude
> 当前线框密度：ISOLINES=4，闭合轮廓创建模式 = 实体
> 选择要拉伸的对象或 [模式 (MO)]：_MO 闭合轮廓创建模式 [实体 (SO)/ 曲面 (SU)]
> ＜实体＞：_SO
> 选择要拉伸的对象或 [模式 (MO)]：找到 1 个　　　　　（选择对象）
> 选择要拉伸的对象或 [模式 (MO)]：　　　　　　　　　（按 Enter 键）
> 指定拉伸的高度或 [方向 (D)/ 路径 (P)/ 倾斜角 (T)/ 表达式 (E)]：350（输入高度值350）

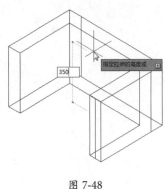

图 7-48

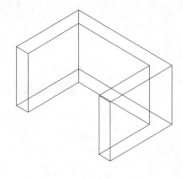

图 7-49

绘图技巧

上述命令行中主要选项的含义介绍如下：

● -拉伸高度：表示沿正或负 Z 轴拉伸选定对象。

● -方向：表示用两个指定点指定拉伸的长度和方向。

● -路径：表示基于选定对象的拉伸路径。

● -倾斜角：表示拉伸的倾斜角。

7.3.2　旋转实体

使用旋转命令可将二维闭合的图形以中心轴为旋转中心进行旋转，从而形成三维实体模型。用户可以通过以下方法执行"旋转"命令。

● 执行"绘图→建模→旋转"命令。

● 在"常用"选项卡的"建模"面板中单击"旋转"按钮。

● 在"实体"选项卡的"实体"面板中单击"旋转"按钮。

● 在命令行中输入 REV 命令，然后按 Enter 键。

执行"旋转"命令后，根据命令行中的提示旋转实体，如图 7-50、图 7-51 所示。命令行的提示及相关操作说明如下：

命令：_revolve

当前线框密度：ISOLINES=4，闭合轮廓创建模式 = 实体

选择要旋转的对象或 [模式 (MO)]：_MO 闭合轮廓创建模式 [实体 (SO)/ 曲面 (SU)]

< 实体 >：_SO

选择要旋转的对象或 [模式 (MO)]：找到 1 个　　　　（选择对象）

选择要旋转的对象或 [模式 (MO)]：　　　　　　　　（按 Enter 键）

指定轴起点或根据以下选项之一定义轴 [对象 (O)/X/Y/Z] < 对象 >: (单击直线上端点)

指定轴端点：　　　　　　　　　　　　　　(单击直线下端点)

　　指定旋转角度或 [起点角度 (ST)/ 反转 (R)/ 表达式 (EX)] <360>:

　　　　　　　　　　　　(按 Enter 键，指定旋转角度为 360°)

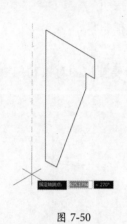

图 7-50

图 7-51

7.3.3　放样实体

　　放样命令用于在横截面之间的空间内绘制实体或曲面。使用放样命令时，至少必须指定两个横截面。用户可以通过以下方法执行"放样"命令。

- 执行"绘图→建模→放样"命令。
- 在"常用"选项卡的"建模"面板中单击"放样"按钮 。
- 在命令行中输入 LOFT 命令，然后按 Enter 键。

　　执行"放样"命令后，根据命令行的提示，可按放样次序选择横截面，然后选择"仅横截面"选项，即可完成放样实体，如图 7-52、图 7-53 所示。

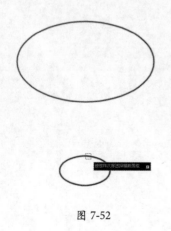

图 7-52

图 7-53

7.3.4 扫掠实体

扫掠命令用于沿指定路径以指定轮廓的形状绘制实体或曲面。用户可以通过以下方法执行"扫琼"命令。

● 执行"绘图→建模→扫掠"命令。

● 在"常用"选项卡的"建模"面板中单击"扫掠"按钮。

● 在"实体"选项卡的"实体"面板中单击"扫掠"按钮。

● 在命令行中输入 SWEEP 命令，然后按 Enter 键。

执行"扫掠"命令后，根据命令行的提示信息，选择要扫掠的对象和扫掠路径，按 Enter 键即可创建扫掠实体，如图 7-54、图 7-55 所示。

图 7-54

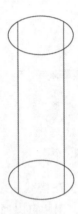

图 7-55

【自己练】

项目练习 1　绘制三居室模型图

🖥 **图纸展示，如图 7-56 所示。**

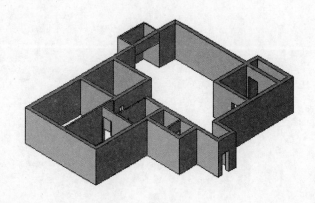

图 7-56

🖥 **绘图要领：**

(1) 设置三维绘图环境。

(2) 绘制墙体。

项目练习 2　绘制户外小场景

🖥 **图纸展示，如图 7-57 所示。**

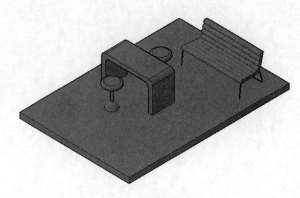

图 7-57

🖥 **绘图要领：**

(1) 休闲桌椅比例。

(2) 休闲长椅造型。

第8章

绘制办公桌模型
——编辑三维图形详解

本章概述：

  本例为 AutoCAD 2016 渲染实例教程，讲解了如何为三维模型各图块附着材质等技巧，渲染环境下的三维对象表面上投影二维图像，可将材质贴图到对象表面，在模型表面应用材质，可给渲染提供更多的真实感。本章主要讲解办公桌模型的绘制及渲染。

要点难点：

  布尔运算 ★★☆
  操作三维模型 ★★★
  材质与贴图 ★★★
  灯光与渲染 ★★★
  办公桌模型的创建 ★★★

案例预览：

办公桌效果图

【跟我练】 制作办公桌模型

📺 案例描述

本案例将绘制办公写字台。写字台不外乎是由长方体、正方体及弧形等几个基本几何体组成的，所以绘制起来还是比较简单的。在绘制过程中运用的三维命令有拉伸、三维镜像、材质贴图及渲染等。

📺 制作过程

STEP **01** 启动 AutoCAD 2016 软件，将当前视图设置为"西南等轴测图"，执行"常用→绘图→矩形"命令，绘制一个长为 1500mm、宽为 700mm 的长方形，如图 8-1 所示。

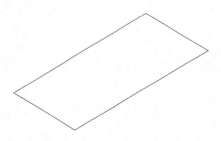

图 8-1

STEP **02** 从功能区执行"常用"选项卡"建模"组中的"拉伸📷"命令，按照命令行的提示信息，将长方形向上进行拉伸，拉伸距离为 50mm，结果如图 8-2 所示。

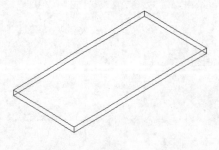

图 8-2

命令行的提示及相关操作说明如下。

命令：_extrude
当前线框密度：ISOLINES=4，闭合轮廓创建模式 = 实体选择要拉伸的对象或 [模式 (MO)]: _MO 闭合轮廓创建模式 [实体 (SO)/ 曲面 (SU)] < 实体 >: _SO
选择要拉伸的对象或 [模式 (MO)]: 找到 1 个
（选择长方形）
选择要拉伸的对象或 [模式 (MO)]:
（按 Enter 键）
指定拉伸的高度或 [方向 (D)/ 路径 (P)/ 倾斜角 (T)/ 表达式 (E)] <50.0000>: 50
（向上移动光标，输入 50，按 Enter 键，完成操作）

STEP **03** 执行"矩形"命令，绘制一个长为 600mm、宽为 400mm 的长方形，并执行"移动"命令，将长方形向内移动 50mm，结果如图 8-3 所示。

STEP **04** 执行"拉伸"命令，将长方形向下拉伸 650mm，结果如图 8-4 所示。

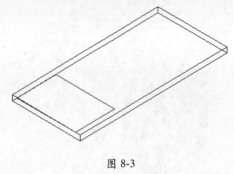

图 8-3

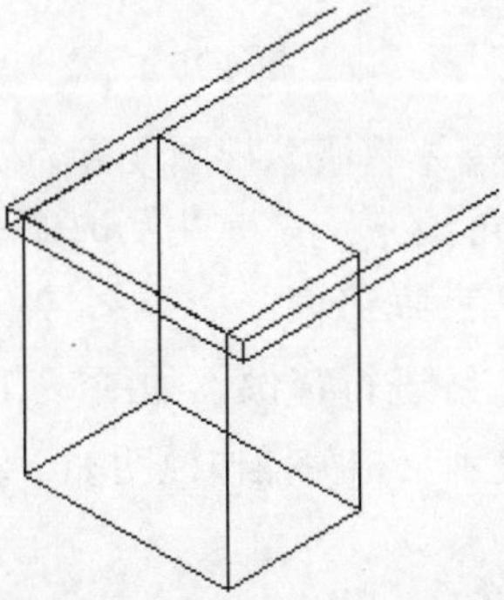

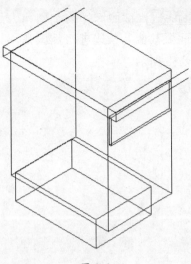

图 8-6

STEP 07 从功能区执行"常用"选项卡"修改"组中的"倒圆角"命令,根据命令行提示的信息,将抽屉面板进行倒圆角,其结果如图 8-7 所示。命令行的提示及相关操作说明如下。

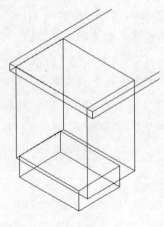

图 8-4

STEP 05 按照上述同样的操作方法,绘制一个长为 500mm、宽为 350mm、高为 150mm 的长方体,放置在柜体下方,结果如图 8-5 所示。

命令:FILLET

当前设置:模式 = 修剪,半径 = 0.0000 选择第一个对象或 [放弃 (U)/ 多段线 (P)/ 半径 (R)/ 修剪 (T)/ 多个 (M)]: r

      (选择"半径"选项)

指定圆角半径 <0.0000>: 5

      (输入半径数值 5)

选择第一个对象或 [放弃 (U)/ 多段线 (P)/ 半径 (R)/ 修剪 (T)/ 多个 (M)]:

      (选取抽屉面板)

输入圆角半径或 [表达式 (E)]<5.0000>:   (按 Enter 键)

选择边或 [链 (C)/ 半径 (R)]:已拾取到边。

选择边或 [链 (C)/ 半径 (R)]:

   (选择抽屉面板所需倒圆角的边,按"空格"键)

已选定 1 个边用于圆角。

图 8-5

STEP 06 执行"长方体"命令,绘制一个长为 350mm、宽为 10mm、高为 150mm 的长方体,移至柜体面板上,作为抽屉面板,其结果如图 8-6 所示。

STEP 08 按照同样的倒圆角方法，将抽屉面板其他几条边进行倒圆角，其结果如图 8-8 所示。

图 8-7

图 8-8

STEP 09 执行"复制"命令，将抽屉面板向下复制 3 个，并将其调整好，其结果如图 8-9 所示。

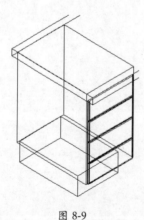

图 8-9

STEP 10 再次执行"倒圆角"命令，将写字台面的边角进行倒圆角，圆角半径为 10mm，将视图样式设置为"概念"视图，如图 8-10 所示。

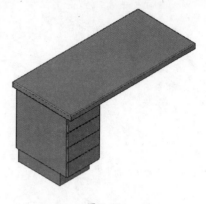

图 8-10

STEP 11 将概念视图设置为二维线框视图，从功能区执行"常用"选项卡"修改"组中的"三维镜像"命令，将柜体沿着台面的中心线进行镜像，如图 8-11 所示。命令行的提示及相关操作说明如下。

命令：_mirror3d
选择对象：找到 1 个 (选择柜体) 选择对象：　　　(按 Enter 键)
指定镜像平面 (三点) 的第一个点或 [对象 (O)/ 最近的 (L)/Z 轴 (Z)/ 视图 (V)/XY 平面 (XY)/YZ 平面 (YZ)/ZX 平面 (ZX)/ 三点 (3)]＜三点＞:(按 Enter 键)
在镜像平面上指定第二点：
　　　　　(选择中心线起点)
在镜像平面上指定第三点：
　　　　　(选择中心线端点)
是否删除源对象？ [是 (Y)/ 否 (N)]
＜否＞:　　　(按 Enter 键)

STEP 12 执行"长方体"命令，绘制一个长为 600mm、宽为 380mm、高为 10mm 的长方体，放置在另一侧柜体上，来作为柜门，其结果如图 8-12 所示。

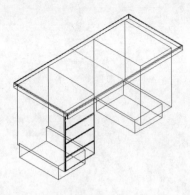

图 8-11

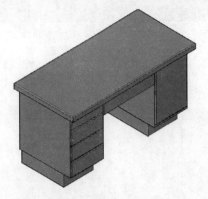

图 8-14

STEP ⑮ 绘制台面工作区。执行"长方体"命令，绘制一个长为 450mm、宽为 600mm、高为 2mm 的长方体，放置在桌面适合位置，其结果如图 8-15 所示。

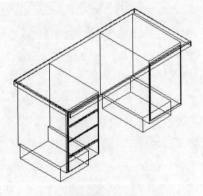

图 8-12

STEP ⑬ 执行"倒圆角"命令，将柜门进行倒圆角，圆角半径为 5mm，如图 8-13 所示。

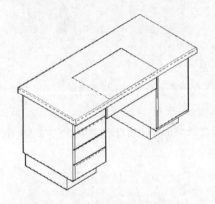

图 8-15

STEP ⑯ 执行"合集"命令，将台板和两个柜体进行合并。至此，写字台模型已绘制完毕，如图 8-16 所示。

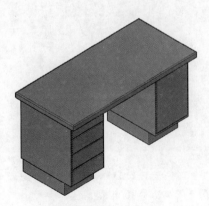

图 8-13

STEP ⑭ 执行"长方体"命令，绘制一个长为 625mm、宽为 610mm、高为 200mm 的长方体，作为写字台中间的抽屉格挡，其结果如图 8-14 所示。

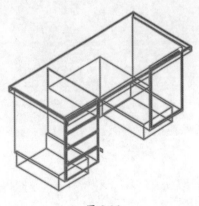

图 8-16

STEP 17 执行"渲染"→"材质"命令，打开"材质浏览器"面板，如图 8-17 所示。

图 8-17

STEP 18 在当前面板中，在"Autodesk 库"下拉框中选择"镶板 - 褐色"样式，单击 按钮将材质添加到文档中，如图 8-18 所示。

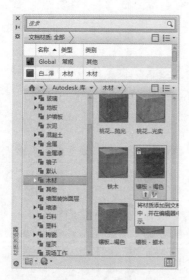

图 8-18

STEP 19 打开"材质编辑器"面板，如图 8-19 所示。

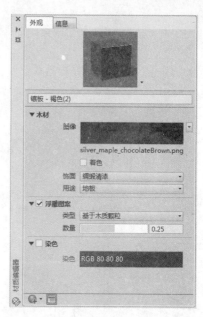

图 8-19

STEP 20 单击预览窗口的向下箭头，选择场景缩略图形状"球体"，如图 8-20 所示。

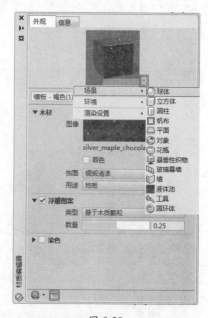

图 8-20

STEP 21 选择木材"饰面"为"有光泽的清漆"，如图 8-21 所示。

STEP 22 选择木材"用途"为"家具"，如图 8-22 所示。

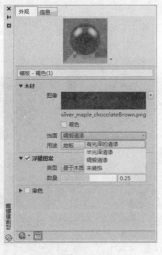

图 8-21

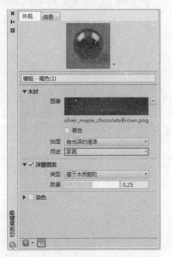

图 8-22

STEP **23** 将选择好的材质拖入模型中，结果如图 8-23 所示。

图 8-23

STEP **24** 执行"渲染"命令，渲染办公桌效果如图 8-24 所示。

图 8-24

STEP **25** 执行"渲染→光源→阳光特性"命令，打开阳光特性窗口，设置"强度因子"为 0.5，如图 8-25 所示。

图 8-25

STEP **26** 执行"渲染"命令，渲染办公桌效果如图 8-26 所示。

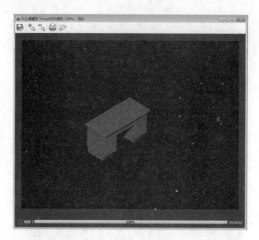

图 8-26

STEP 27 为了使画面更加美观，用户可适当调整贴图的颜色，并适当地增加地面

铺砖效果。至此，办公写字台模型已绘制完毕，如图 8-27 所示。

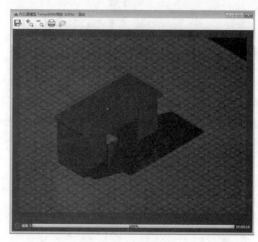

图 8-27

【听我讲】

8.1 布尔运算

布尔运算在三维建模中是一项较为重要的功能。它是将两个或两个以上的图形，通过加减方式结合而生成的新实体。

8.1.1 并集操作

并集命令就是将两个或多个实体对象合并成一个新的复合实体，新实体由各个组成对象的所有部分组成，没有相重合的部分。用户可以通过以下方法执行"并集"命令。

● 执行"修改→实体编辑→并集"菜单命令。
● 在功能区"常用"选项卡的"实体编辑"组中单击"并集"按钮 ⬭。
● 在功能区"实体"选项卡的"布尔值"组中单击"并集"按钮 ⬭。
● 在命令行中输入 UNI 命令，然后按 Enter 键。

执行"并集"命令后，选中所有需要合并的实体，按 Enter 键即可完成操作。图 8-28、图 8-29 所示为执行并集操作前后的效果对比。

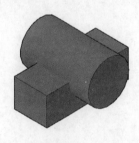

图 8-28

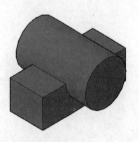

图 8-29

8.1.2 差集操作

差集命令是从一个或多个实体中减去其中之一或若干部分，得到一个新的实体。用户可以通过以下方法执行"差集"命令。

● 执行"修改→实体编辑→差集"菜单命令。
● 在功能区"常用"选项卡的"实体编辑"组中单击"差集"按钮 ⬭。
● 在功能区"实体"选项卡的"布尔值"组中单击"差集"按钮 ⬭。
● 在命令行中输入 SU 命令，然后按 Enter 键。

执行"差集"命令后，选择对象，然后选择要从中减去的实体、曲面和面域，按 Enter 键即可得到差集效果，图 8-30、图 8-31 所示为执行差集操作前后的效果对比。

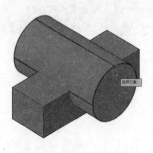

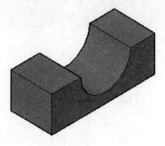

图 8-30   图 8-31

8.1.3 交集操作

交集命令可以从两个以上重叠实体的公共部分创建复合实体。用户可以通过以下方法执行"交集"命令。

- 执行"修改→实体编辑→交集"菜单命令。
- 在功能区"常用"选项卡的"实体编辑"组中单击"交集"按钮◎。
- 在功能区"实体"选项卡的"布尔值"组中单击"交集"按钮◎。
- 在命令行中输入 IN 命令，然后按 Enter 键。

执行"交集"命令后，根据命令行的提示，选中所有实体，按 Enter 键即可完成交集操作，图 8-32、图 8-33 所示为执行交集操作前后的效果对比。

图 8-32   图 8-33

8.2 三维模型的操作

创建的三维对象有时满足不了用户的要求，这就需要将三维对象进行编辑操作，如对三维图形进行移动、旋转、对齐、镜像、阵列等操作。

8.2.1 三维移动

三维移动可将实体在三维空间中移动，在移动时，指定一个基点，然后指定一个目标空间点即可。用户可以通过以下方法执行"三维移动"命令。

- 执行"修改"→"三维操作"→"三维移动"菜单命令。
- 在功能区"常用"选项卡的"修改"组中单击"三维移动"按钮⊕。
- 在命令行中输入 3DMOVE 命令，然后按 Enter 键。

执行"三维移动"命令后，根据命令行的提示，指定基点，然后指定第二点即可移动实体，如图 8-34、图 8-35 所示。

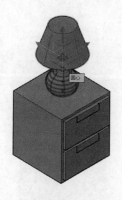

图 8-34

图 8-35

8.2.2 三维旋转

三维旋转命令可以将选择的对象绕三维空间定义的任何轴 (X 轴、Y 轴和 Z 轴) 按照指定的角度进行旋转。用户可以通过以下方法执行"三维旋转"命令。

- 执行"修改"→"三维操作"→"三维旋转"菜单命令。
- 在功能区"常用"选项卡的"修改"组中单击"三维旋转"按钮⊕。
- 在命令行中输入 3DROTATE 命令，然后按 Enter 键。

执行"三维旋转"命令后，根据命令行的提示，指定基点，拾取旋转轴，然后指定角的起点或输入角度值，输入 -60 按 Enter 键即可完成旋转操作，如图 8-36、图 8-37 所示。

图 8-36

图 8-37

8.2.3　三维对齐

三维对齐命令，可将源对象与目标对象对齐。用户可以通过以下方法执行"三维旋转"命令。

- 执行"修改"→"三维操作"→"三维对齐"菜单命令。
- 在功能区"常用"选项卡的"修改"组中单击"三维对齐"按钮。
- 在命令行中输入 3DALIGN 命令，然后按 Enter 键。

执行"三维对齐"命令后，选中棱锥体，依次指定点 A、点 B 和点 C，然后依次指定目标点 1、2 和 3，即可按要求将两实体对齐，如图 8-38、图 8-39 所示。

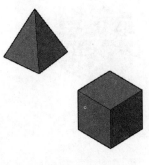

图 8-38

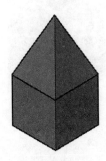

图 8-39

8.2.4　三维镜像

"三维镜像"命令可以用于绘制以镜像平面为对称面的三维对象。用户可以通过以下方法执行"三维镜像"命令。

- 执行"修改"→"三维操作"→"三维镜像"菜单命令。
- 在功能区"常用"选项卡的"修改"组中单击"三维镜像"按钮。
- 在命令行中输入 MIRROR3D 命令，然后按 Enter 键。

执行"三维镜像"命令后，根据命令行的提示，选取镜像对象并按 Enter 键，然后在实体上指定 3 个点，将实体镜像，如图 8-40、图 8-41 所示。

图 8-40

图 8-41

8.2.5　三维阵列

三维阵列可以在三维空间绘制对象的矩形阵列或环形阵列。用户可以通过以下方法执行"三维阵列"命令。

- 执行"修改"→"三维操作"→"三维阵列"菜单命令。
- 在命令行中输入 3A 命令，然后按 Enter 键。

1. 矩形阵列

三维矩形阵列是在行(X 轴)、列(Y 轴)和层(Z 轴)矩形阵列中复制对象。执行"三维阵列"命令后，根据命令行的提示，选择要阵列的对象，按 Enter 键选择"矩形阵列"类型，然后根据命令行提示，依次指定阵列的行数、列数、层数、行间距、列间距及层间距，效果如图 8-42、图 8-43 所示。命令行的提示内容及相关操作说明如下。

```
命令 : 3darray
选择对象 : 指定对角点 : 找到 1 个              (选择要阵列的实体对象)
选择对象 : (按 Enter 键) 输入阵列类型 [ 矩形 (R)/ 环形 (P)] < 矩形 >:(选择矩形阵列)
输入行数 (---) <1>: 3                        (输入阵列的行数)
输入列数 (|||) <1>: 2                        (输入阵列的列数)
输入层数 (...) <1>:3                         (输入阵列的层数)
指定行间距 (---): 500                        (输入行间距值)
指定列间距 (|||): 500                        (输入列间距值)
指定层间距 (...): 500                        (输入层间距值)
```

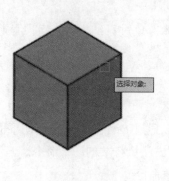

图 8-42

图 8-43

2. 环形阵列

三维环形阵列是围绕旋转轴按逆时针或顺时针方向来阵列复制选择对象。执行"三维阵列"命令，选择要阵列的对象，按 Enter 键选择"环形阵列"类型，然后根据命令行提示，指定阵列的项目个数和填充角度，确认是否要进行自身旋转后，指定阵列的中心点及旋转轴上的第二点，即可完成环形阵列操作，效果如图 8-44、图 8-45 所示。命令行

AutoCAD 2016
辅助设计与制作案例技能实训教程

CHAPTER 06

CHAPTER 07

CHAPTER 08

CHAPTER 09

. CHAPTER 10

的提示及相关操作说明如下。

命令：_3darray
选择对象：指定对角点：找到 2 个   （选择要阵列的对象）
选择对象：(按 Enter 键) 输入阵列类型 [矩形 (R)/ 环形 (P)]< 矩形 >:P(选择环形阵列)
输入阵列中的项目数目：10   （输入阵列项目数目 10）
指定要填充的角度 (+= 逆时针 , -= 顺时针) <360>: (选择默认角度值)
旋转阵列对象？ [是 (Y)/ 否 (N)] <Y>:   （选择"是"选项）
指定阵列的中心点：   （指定圆心）
指定旋转轴上的第二点：   （指定圆心）

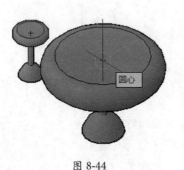

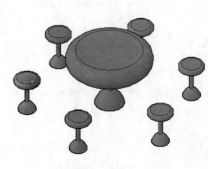

图 8-44   图 8-45

8.3　更改模型形状

在绘制三维模型时，不仅可以对整个的三维实体对象进行编辑，还可以单独对三维实体进行剖切、抽壳、倒直角和倒圆角等。

8.3.1　剖切模型

该命令通过剖切现有实体可以创建新实体，可以通过多种方式定义剪切平面，包括指定点或者选择曲面或平面对象。用户可以通过以下方法执行"剖切"命令。

- 执行"修改"→"三维操作"→"剖切"菜单命令。
- 在功能区"常用"选项卡的"实体编辑"组中单击"剖切"按钮 ✄。
- 在功能区"实体"选项卡的"实体编辑"组中单击"剖切"按钮 ✄。
- 在命令行中输入 SL 命令，然后按 Enter 键。

执行"剖切"命令后，根据命令行的提示，选择对象，然后在实体上依次指定 A、B 两点，即可将模型剖切，如图 8-46、图 8-47 所示，命令行的提示及相关操作说明如下。

命令：_slice

选择要剖切的对象：找到 1 个 （选择实体对象）

选择要剖切的对象： （按 Enter 键）

指定 切面 的起点或 [平面对象 (O)/ 曲面 (S)/Z 轴 (Z)/ 视图 (V)/XY(XY)/YZ(YZ)/ZX(ZX)/ 三点 (3)] < 三点 >： （指定点 A）

指定平面上的第二个点： （指定点 B）

正在检查 595 个交点 ... 在所需的侧面上指定点或 [保留两个侧面 (B)] < 保留两个侧面 >： （在要保留的那一侧实体上单击）

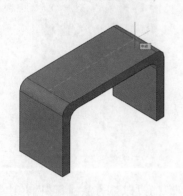

图 8-46

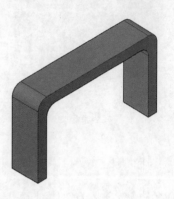

图 8-47

命令行中各选项的含义介绍如下。

- 指定剖切平面的起点：用于定义剖切平面角度的两个点中的第一点。剖切平面与当前 UCS 的 XY 平面垂直。
- 平面对象：将剪切平面与包含选定的圆、椭圆、圆弧、椭圆弧、二维样条曲线或二维多段线线段的平面对齐。
- 曲面：将剪切平面与曲面对齐。
- Z 轴：通过平面上指定一点和在平面的 Z 轴 (法向) 上指定另一点来定义剪切平面。
- 视图：将剪切平面与当前视口的视图平面对齐。指定一点定义剪切平面的位置。
- XY：将剪切平面与当前用户坐标系 (UCS) 的 XY 平面对齐。指定一点定义剪切平面的位置。
- YZ：将剪切平面与当前 UCS 的 YZ 平面对齐。指定一点定义剪切平面的位置。
- ZX：将剪切平面与当前 UCS 的 ZX 平面对齐。指定一点定义剪切平面的位置。

8.3.2 抽壳模型

该命令可以将三维实体转换为中空薄壁或壳体。将实体对象转换为壳体时，可以通过将现有面朝其原始位置的内部或外部偏移来创建新面。用户可以通过以下方法执行"抽壳"命令。

- 执行"修改"→"实体编辑"→"抽壳"菜单菜单命令。
- 在功能区"常用"选项卡的"实体编辑"组中单击"抽壳"按钮。
- 在功能区"实体"选项卡的"实体编辑"组中单击"抽壳"按钮。

执行"抽壳"命令后,根据命令行的提示,选择抽壳对象,然后选择删除面并按Enter键,输入偏移距离 50,即可对实体抽壳,如图 8-48、图 8-49 所示。

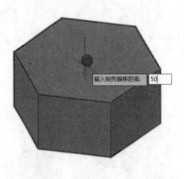
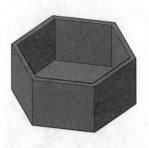

图 8-48   图 8-49

8.3.3　倒圆角

"圆角边"命令是为实体对象边建立圆角。用户可以通过以下方法执行"圆角边"命令。

- 执行"修改"→"实体编辑"→"圆角边"菜单命令。
- 在功能区"实体"选项卡的"实体编辑"组中单击"圆角边"按钮。
- 在命令行中输入 FILLETEDGE 命令,然后按 Enter 键。

执行"圆角边"命令后,根据命令行的提示,可选择"半径"选项,输入半径值 30 并按 Enter 键,然后选择边,即可对实体倒圆角,如图 8-50、图 8-51 所示。

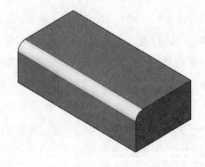

图 8-50   图 8-51

8.3.4　倒直角

使用"倒角边"命令,可以对三维实体以一定距离进行倒角,即在一条边中再创建一个面。用户可以通过以下方法执行"倒角边"命令。

- 执行"修改"→"实体编辑"→"倒角边"菜单命令。
- 在功能区"实体"选项卡的"实体编辑"组中单击"倒角边"按钮💊。
- 在命令行中输入 CHAMFEREDGE 命令，然后按 Enter 键。

执行"倒角边"命令后，根据命令行的提示，选择"距离"选项，指定两个距离均为 30，选择边，即可对实体倒直角，如图 8-52、图 8-53 所示。

图 8-52

图 8-53

8.4 材质和贴图

在 AutoCAD 中，向三维模型添加材质会显著增强模型的真实感。利用贴图可以模拟纹理、凹凸、反射或折射效果。

8.4.1 材质浏览器

使用"材质浏览器"可导航和管理用户的材质，可以组织、分类、搜索和选择要在图形中使用的材质，如图 8-54 所示。

图 8-54

用户可以通过以下方法打开"材质浏览器"选项板。

● 执行"视图"→"渲染"→"材质浏览器"菜单命令。

● 在功能区"渲染"选项卡的"材质"组中单击"材质浏览器"按钮 🎨。

● 在命令行中输入 MAT 命令，然后按 Enter 键。

8.4.2　材质编辑器

在"材质编辑器"中可以创建新材质，设置材质的颜色、反射率、透明度、凹凸等属性，如图 8-55 所示。

图 8-55

用户可以通过以下方法打开"材质编辑器"选项板。

● 执行"视图"→"渲染"→"材质编辑器"菜单命令。

● 在功能区"渲染"选项卡的"材质"组中单击右下角箭头按钮 ⌐。

● 在命令行中输入 MATEDITOROPEN 命令，然后按 Enter 键。

8.4.3　创建新材质

若要创建新材质，可执行"视图"→"渲染"→"材质"→"材质浏览器"命令，在打开的"材质浏览器"选项板中，单击"创建材质"按钮，然后选择材质，如图 8-56 所示。之后打开"材质编辑器"选项板，可输入名称，指定材质颜色选项，并设置反光度、不透明度、折射、半透明度等的特性，如图 8-57 所示。

返回至"材质浏览器"选项板，在"文档材质"面板中，拖曳创建好的材质，赋予到实体模型上，如图 8-58 所示。

图 8-56　　　　　　　　图 8-57　　　　　　　　图 8-58

8.5　灯光与渲染

在默认情况下场景中是没有光源的，用户可以通过向场景中添加灯光创建真实的立体场景效果。

8.5.1　光源的类型

在 AutoCAD 中，光源的类型有 4 种，其中包括点光源、聚光灯、平行光及光域网灯光。

(1) 点光源。

该光源从其所在位置向四周发射光线，它与灯泡发出的光源类似。根据点光线的位置，模型将产生较为明显的阴影效果，使用点光源以达到基本的照明效果。

(2) 聚光灯。

该光源分布投射一个聚焦光束。聚光灯发射定向锥形光，可以控制光源的方向和圆锥体的尺寸。聚光灯的衰减由聚光灯的聚光角角度和照射角角度控制。

(3) 平行光。

该光源仅向一个方向发射统一的平行光光线。它需要指定光源的起始位置和发射方向，从而以定义光线的方向。平行光的强度并不随着距离的增加而衰减。

(4) 光域网灯光。

该光源是具有现实中的自定义光分布的光度控制光源。它同样也需指定光源的起始位置，和发射方向任何给定方向中的照度与光域网和光度控制中心之间的距离成比例，沿离开中心的特定方向的直线进行测量。

8.5.2　创建光源

添加光源可为场景提供真实外观，光源可增强场景的清晰度和三维性。为图形添加光源主要有以下几种方法。

● 从菜单栏执行"视图"→"渲染"→"光源"子菜单中的子命令。

● 在功能区单击"渲染"选项卡"光源"组中相应命令按钮。

选择"聚光灯"命令，在绘图窗口中指定聚光灯的源位置和目标位置，再根据命令行的提示选择相关选项。命令行的提示及相关操作说明如下。

命令：_spotlight

指定源位置 <0,0,0>:

指定目标位置 <0,0,-10>:

输入要更改的选项 [名称 (N)/ 强度 (I)/ 状态 (S)/ 聚光角 (H)/ 照射角 (F)/ 阴影 (W)/ 衰减 (A)/ 颜色 (C)/ 退出 (X)] < 退出 >:

当创建完光源后，若不能满足用户的需求时，可对刚创建的光源进行设置。下面将分别对其设置进行介绍。

(1) 设置光源参数。

若当前光源强度感觉太弱时，用户可适当增加光源强度值。选中所需光源，在绘图区右击，在弹出的快捷菜单中选择"特性"命令，在打开的"特性"选项板中，选择"强度因子"选项，并在其后的文本框中输入合适的参数，如图 8-59 所示。

(2) 设置阳光状态。

阳光与天光是 AutoCAD 中自然照明的主要来源。用户若在"渲染"选项卡的"阳光和位置"组中单击"阳光状态"按钮☼，系统会模拟太阳照射的效果，来渲染当前模型，图 8-60 所示为阳光状态效果。

图 8-59

图 8-60

8.5.3 渲染模型

对材质、贴图等进行设置，并将其应用到实体中后，可通过渲染查看即将生产产品的真实效果，渲染是运用几何图形、光源和材质将三维实体渲染为最具真实感的图像。

1. 全屏渲染

在"渲染"选项卡的"渲染"组中单击"渲染"按钮 ，即可对当前模型进行渲染。如图 8-61 所示。在"渲染"窗口中，用户可以读取到当前渲染模型的一些相关信息，如材质参数、阴影参数、光源参数、渲染时间及占用的内存等。

2. 区域渲染

在"渲染"选项卡的"渲染"组中单击"渲染面域"按钮 ，在绘图区域中，按住左键，框选出所需的渲染窗口，放开鼠标即可进行创建，如图 8-62 所示。

图 8-61

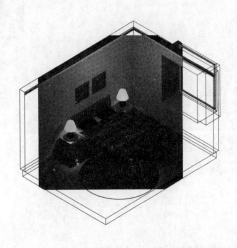

图 8-62

【自己练】

项目练习1　绘制书桌模型图

🖵 **图纸展示，如图 8-63 所示。**

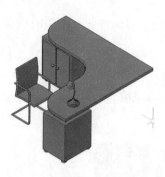

图 8-63

🖵 **绘图要领：**

(1) 设置三维绘图环境。

(2) 绘制书桌。

(3) 绘制椅子。

项目练习2　绘制书房效果图

🖵 **图纸展示，如图 8-64 所示。**

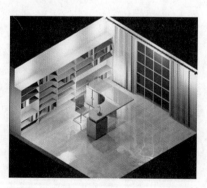

图 8-64

🖵 **绘图要领：**

(1) 书桌、书柜模型制作。

(2) 材质、灯光应用。

第9章

绘制顶棚图
——输出图纸详解

本章概述：

在室内设计工作的过程中，施工图是施工过程的重要依据，设计师通过施工图表达自己的设计意图，施工人员通过施工图精确完成工程，所以施工图是设计和施工的重要连接点。

本章主要讲解顶面图绘制和图纸的输出，首先新建输出布局，然后设置输出格式及特性。

要点难点：

创建布局　★★☆
管理布局　★★☆
页面设置　★☆☆
输出图形　★★★

案例预览：

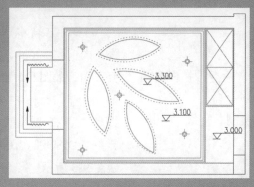

顶面布置图效果

【跟我练】 绘制儿童房顶棚图

🖥 案例描述

本案例主要讲解顶面图绘制及输出操作。首先绘制顶面造型；然后标注标高符号和文字说明；最后新建输出布局、设置输出格式及特性。

🖥 制作过程

下面对顶面图的绘制过程进行介绍。

STEP 01 打开文件"平面布置图"，执行"复制"命令，复制平面图，如图9-1所示。

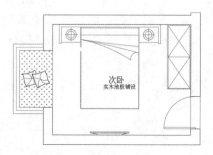

图 9-1

STEP 02 执行"删除"命令，删除儿童房平面家具模型，如图9-2所示。

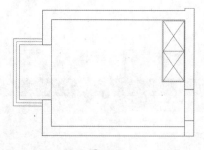

图 9-2

STEP 03 执行"矩形"命令，捕捉对角点绘制矩形，执行"偏移"命令，依次向内偏移20mm、30mm，绘制石膏线，如图9-3所示。

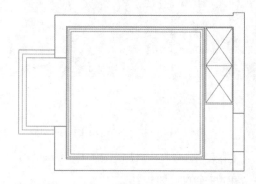

图 9-3

STEP 04 执行"圆弧"命令，绘制顶面造型，执行"复制""旋转"命令，复制造型并旋转，如图9-4所示。

图 9-4

STEP 05 执行"偏移"命令，分别将直线向内偏移50mm，执行"倒角"命令，修剪直角，如图9-5所示。

STEP 06 执行"特性"命令，更改线型，选择偏移直线，更改直线线型为"ACADISO03W100"，设置线型比例为5，如图9-6所示。

图 9-5

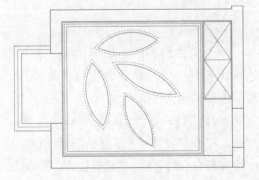

图 9-6

STEP 07 执行"圆"命令，绘制半径为50mm 的圆形，执行"偏移"命令，将圆形依次向内偏移 20mm，如图 9-7 所示。

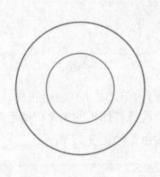

图 9-7

STEP 08 执行"直线"命令，捕捉圆形象限点绘制直线，执行"镜像"命令，绘制直线，如图 9-8 所示。

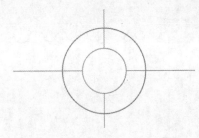

图 9-8

STEP 09 执行"复制"命令，依次复制筒灯，布置顶面筒灯，如图 9-9 所示。

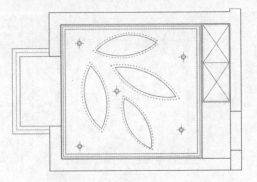

图 9-9

STEP 10 执行"偏移"命令，将窗户依次向内偏移 200mm，绘制窗帘盒，执行"圆角"命令，修剪直角，如图 9-10 所示。

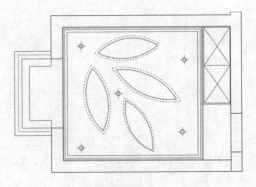

图 9-10

STEP 11 执行"多段线"命令，分别设置波浪线的形状宽度和圆弧，绘制窗帘平面，如图 9-11 所示。

STEP 12 执行"镜像"命令，镜像复制窗帘，如图 9-12 所示。

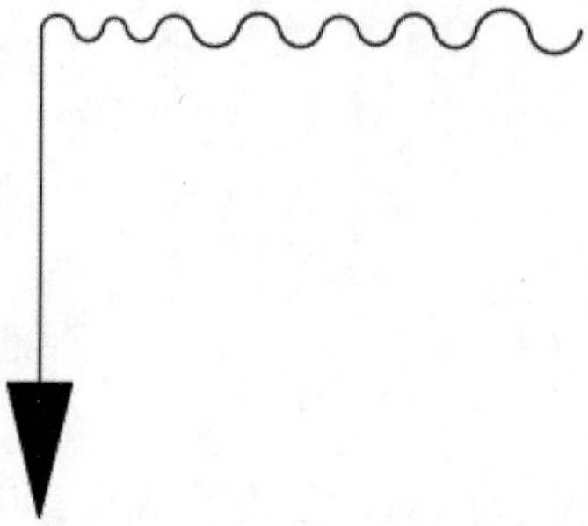

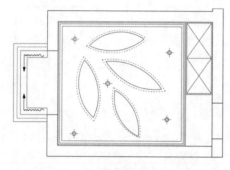

图 9-11

图 9-12

STEP **13** 执行"直线""修剪"命令，绘制标高符号，如图 9-13 所示。

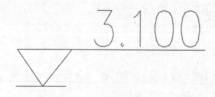

图 9-13

STEP **14** 执行"多行文字"命令，绘制标高文字，如图 9-14 所示。

3.100

图 9-14

STEP **15** 执行"复制"命令，复制标高文字，双击文字更改文字内容，如图 9-15 所示。

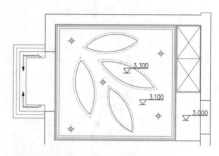

图 9-15

接下来讲解图纸的输出操作。首先新建输出布局，然后设置输出格式及特性，最后选择输出文件。

STEP **01** 执行"工具→向导→创建布局"命令，打开"创建布局 - 开始"对话框，从中输入新布局的名称，在此默认为"布局 3"，单击"下一步"按钮，如图 9-16 所示。

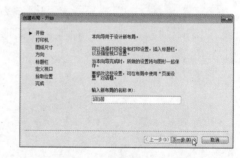

图 9-16

STEP **02** 在打开的"创建布局—打印机"对话框中选择打印机的类型，然后单击"下一步"按钮，如图 9-17 所示。

图 9-17

STEP 03 在"创建布局—图纸尺寸"对话框中选择图纸的尺寸为"A3"纸张,然后单击"下一步"按钮,如图9-18所示。

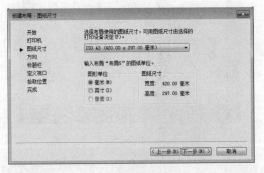

图 9-18

STEP 04 在"创建布局—方向"对话框中选中"横向"单选按钮,然后单击"下一步"按钮,如图9-19所示。

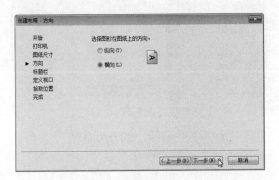

图 9-19

STEP 05 在"创建布局—标题栏"对话框中选择"标题栏",在右侧的"预览"框中查看该标题栏的图示,然后单击"下一步"按钮,如图9-20所示。

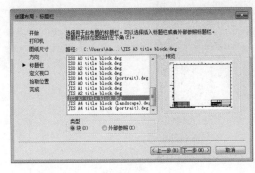

图 9-20

STEP 06 在"创建布局—定义视口"对话框中,选中"单个"单选按钮,并设置视口比例,单击"下一步"按钮,如图9-21所示。

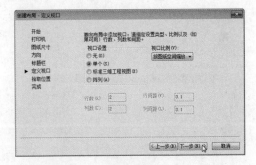

图 9-21

STEP 07 在"创建布局—拾取位置"对话框中,单击"选择位置"按钮,可以在视口中框选位置,如图9-22所示。

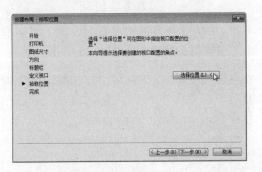

图 9-22

STEP 08 选择视口的大小和位置后,系统自动弹出"创建布局—完成"对话框,单击"完成"按钮结束布局的创建,如图9-23所示。

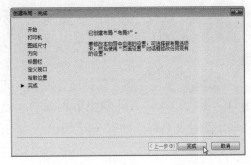

图 9-23

STEP 09 执行"文件→页面设置管理器"命令，在弹出的对话框中单击"修改"按钮，即可打开"页面设置"对话框，如图9-24所示。

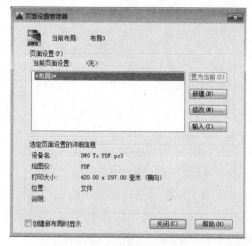

图 9-24

STEP 10 在打开的"页面设置"对话框中，设置打印样式，如图9-25所示。

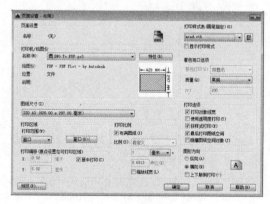

图 9-25

STEP 11 执行"文件→打印预览"命令，系统将会打开图形预览，如图9-26所示。

STEP 12 单击"确定"按钮，回到打印窗口，再次确认，打开输出数据窗口，选择输出路径及名称，如图9-27所示。

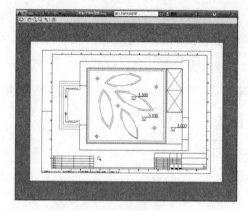

图 9-26

图 9-27

STEP 13 查看输出的顶面布置图效果，如图9-28所示。

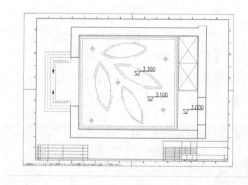

图 9-28

【听我讲】

9.1　创建和管理布局

布局空间用于设置在模型空间中绘制图形的不同视图，主要是为了在输出图形时进行布置。通过布局空间可以同时输出该图形的不同视口，以满足各种不同出图的要求。

9.1.1　创建布局

图纸空间中的布局主要是为图形的打印输出做准备，在布局的设置中包含很多打印选项的设置，如纸张的大小和幅面、打印区域、打印比例和打印方法等。下面将对利用布局向导创建布局的具体操作进行介绍。

STEP 01 执行"工具→向导→创建布局"命令，打开"创建布局—开始"对话框，从中输入新布局的名称，在此默认为"布局3"，单击"下一步"按钮，如图9-29所示。

STEP 02 在打开的"创建布局—打印机"对话框中选择打印机的类型，然后单击"下一步"按钮，如图9-30所示。

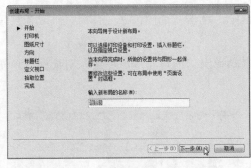

图 9-29

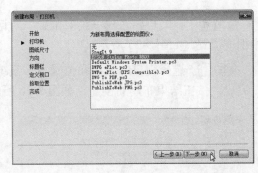

图 9-30

STEP 03 在"创建布局—图纸尺寸"对话框中选择图纸的尺寸为A4纸张，然后单击"下一步"按钮，如图9-31所示。

STEP 04 在"创建布局—方向"对话框中选中"横向"单选按钮，然后单击"下一步"按钮，如图9-32所示。

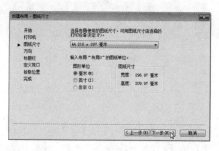

图 9-31

图 9-32

STEP 05 在"创建布局—标题栏"对话框中选择"标题栏",在右侧的"预览"框中查看该标题栏的图示,然后单击"下一步"按钮,如图 9-33 所示。

STEP 06 在"创建布局—定义视口"对话框中,选中"单个"单选按钮,并设置视口比例,单击"下一步"按钮,如图 9-34 所示。

图 9-33

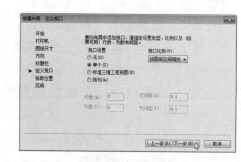

图 9-34

STEP 07 在"创建布局—拾取位置"对话框中,单击"选择位置"按钮,可以在视口中框选位置,如图 9-35 所示。

STEP 08 选择视口的大小和位置后,系统自动弹出"创建布局—完成"对话框,单击"完成"按钮结束布局的创建,如图 9-36 所示。

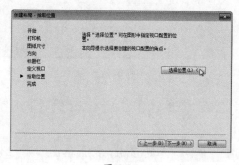

图 9-35

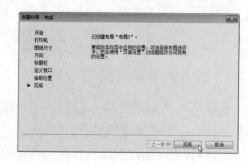

图 9-36

9.1.2 管理布局

布局是用来排版出图的,选择布局可以看到虚线框,其为打印范围,模型图在视口内。

在 AutoCAD 中，要删除、新建、重命名、移动或复制布局，可将鼠标指针放置在布局标签上，然后右击，在弹出的快捷菜单中选择相应的命令即可实现，如图 9-37 所示。

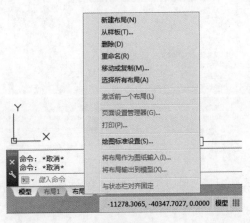

图 9-37

除上述方法外，用户也可以在命令行中输入 LAYOUT 并按 Enter 键，根据命令提示选择相应的选项对布局进行管理。命令行提示内容如下。

> 命令：LAYOUT
>
> 输入布局选项 [复制 (C)/ 删除 (D)/ 新建 (N)/ 样板 (T)/ 重命名 (R)/ 另存为 (SA)/ 设置 (S)/?] < 设置 >：

其中，命令行中各选项含义介绍如下。
- 复制：复制布局。
- 新建：创建一个新的布局选项卡。
- 样板：基于样板 (DWT) 或图形文件 (DWG) 中现有的布局创建新样板。
- 设置：设置当前布局。
- ？：列出图形中定义的所有布局。

9.2　布局的页面设置

页面设置是打印设备和其他影响最终输出外观和格式的设置集合，用户可以修改这些设置并将其应用到其他布局中。在 AutoCAD 2016 中，用户可以通过以下方法打开"页面设置管理器"对话框，如图 9-38 所示。
- 执行"文件→页面设置管理器"命令。
- 在"布局"选项卡的"布局"面板中单击"页面设置"按钮 。

● 在命令行中输入 PAGESETUP 命令，然后按 Enter 键。

图 9-38

在"页面设置管理器"对话框中，单击"修改"按钮，即可打开"页面设置"对话框，如图 9-39 所示。

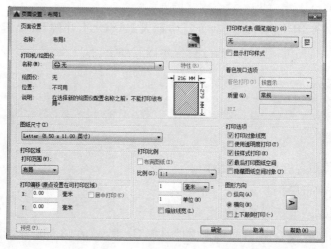

图 9-39

9.2.1 修改打印环境

在"页面设置"对话框的"打印机/绘图仪"选项组中，用户可以修改和配置打印设备；在右侧的"打印样式表"选项组中，可以设置图形使用的打印样式。

单击"打印机/绘图仪"选项组右侧的"特性"按钮，系统会弹出"绘图仪配置编辑器"对话框，从中可以更改 PC3 文件的打印机端口和输出设置，包括介质、图形、物理笔配置、自定义属性等。此外，还可以将这些配置选项从一个 PC3 文件拖到另一个 PC3 文件。

"绘图仪配置编辑器"对话框中有"常规""端口"和"设备和文档设置"选项卡，如图 9-40 所示。

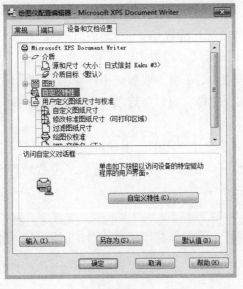

图 9-40

(1)"常规"选项卡。

包含有关打印机配置 (PC3) 文件的基本信息。可在说明区域添加或更改信息。该选项卡中的其余内容是只读的。

(2)"端口"选项卡。

更改配置的打印机与用户计算机或网络系统之间的通信设置。可以指定通过端口打印、打印到文件或使用后台打印。

(3)"设备和文档设置"选项卡。

控制 PC3 文件中的许多设置，如指定纸张的来源、尺寸、类型和去向，控制笔式绘图仪中指定的绘图笔等。单击任意节点的图标以查看和更改指定设置。如果更改了设置，所作更改将出现在设置旁边的尖括号中。更改了值的节点图标上方也将显示检查标记。

9.2.2 创建打印布局

在"页面设置"对话框中，还可以设置打印图形时的打印区域、打印比例等内容。其中各主要选项作用介绍如下。

(1) 图纸尺寸。

该选项组用于确定打印输出图形时的图纸尺寸，用户可以在"图纸尺寸"列表框中选择图纸尺寸。列表框中可用的图纸尺寸由当前配置的打印设备确定。

(2) 图形方向。

该选项组中，可以通过选中"横向"或"纵向"单选按钮设置图形在图纸上的打印方向。选中"横向"单选按钮时，图纸的长边是水平的；选中"纵向"单选按钮时，图纸的短边是水平的。在横向或纵向方向上，可以选中"反向打印"复选框，控制是首先打印图形的顶部还是底部。

CHAPTER 06 CHAPTER 07 CHAPTER 08 CHAPTER 09 CHAPTER 10

CHAPTER 06

CHAPTER 07

CHAPTER 08

CHAPTER 09

CHAPTER 10

188

(3) 打印区域。

进行打印之前，可以指定打印区域，确定打印内容。在创建新布局时，默认的打印区域为"布局"，及打印图纸尺寸边界内的所有对象；选择"显示"选项，将在打印图形区域中显示所有对象；选择"范围"选项，将打印图形中所有可见对象；选择"视图"选项，可打印保存的视图；选择"窗口"选项，可以定义要打印的区域。

(4) 打印比例。

该选项组用于确定图形的打印比例。用户可通过"比例"下拉列表框确定图形的打印比例，也可以通过文本框自定义图形的打印比例。在布局打印时，模型空间的对象将以其布局视口的比例显示。

(5) 打印偏移。

该选项组用于确定图纸上的实际打印区域相对于图纸左下角点的偏移量。在布局中，可打印区域的左下角点位于由虚线框确定的页边距的左下角点，即 (0,0)。

9.3 输出图形

用户要将 AutoCAD 图形对象保存为其他需要的文件格式以供其他软件调用，只需将对象以指定的文件格式输出即可。执行"文件→输出"命令，打开"输出数据"对话框，如图 9-41 所示。在"文件类型"下拉列表框中，可以选择需要导出文件的类型。

图 9-41

利用 AutoCAD 应用程序可以导出下列类型的文件。

● DWF 文件：这是一种图形 Web 格式文件，属于二维矢量文件。可以通过这种文件格式在因特网或局域网上发布自己的图形。

● DXF 文件：这是一种包含图形信息的文本文件，能被其他 CAD 系统或应用程序读取。

- 3D Studio 文件：创建可以用于 3DS MAX 的 3D Studio 文件，输出的文件保留了三维几何图形、视图、光源和材质。
- ASIC 文件：可以将代表修剪过的 NURB 表面、面域和三维实体的 AutoCAD 对象输出到 ASC II 格式的 ACIS 文件中。
- PostScript 文件：用于创建包含所有或部分图形的 PostScript 文件。
- Windows WMF 文件：即 Windows 图元文件格式 (WMF)，文件包括屏幕矢量几何图形和光栅几何图形格式。
- BMP 文件：这是一种位图格式文件，在图像处理行业中应用相当广泛。
- 平版印刷格式：用平版印刷 (SLA) 兼容的文件格式输出 AutoCAD 实体对象。实体数据以三角形网格面的形式转换为 SLA。SLA 工作站使用这个数据定义代表部件的一系列层面。

9.4　打印图形

在模型空间中将图形绘制完毕后，并在布局中设置了打印设备、打印样式、图样尺寸等打印内容后，便可以打印出图。打印之前，按照当前设置，在"布局"模式下进行打印预览是有必要的。

执行"文件→打印预览"命令，系统将会打开图 9-42 所示的图形预览。利用顶部工具栏中的相应按钮，可对图形执行打印、平移、缩放、窗口缩放和关闭等操作。

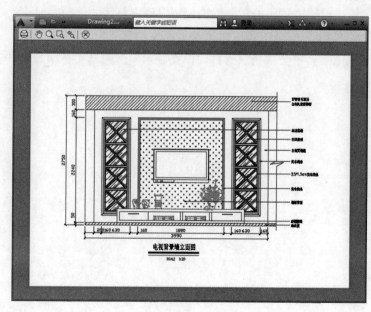

图 9-42

执行"文件→打印"命令，将打开"打印—模型"对话框，如图 9-43 所示。

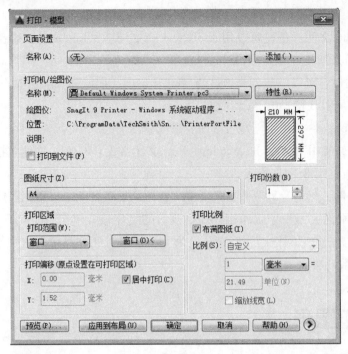

图 9-43

　　"打印"对话框和"页面设置"对话框中的同名选项功能完全相同。它们均用于设置打印设备、打印样式、图纸尺寸以及打印比例等内容。

　　(1)"打印区域"选项组。

　　该选项组用于打印区域。用户可以在下拉列表框中选择相应按钮确定要打印哪些选项卡中的内容，通过设置"打印份数"微调框可以确定打印的份数。

　　(2)"预览"选项组。

　　单击"预览"按钮，系统会按当前的打印设置显示图形的真实打印效果，与"打印预览"具有相同的效果。

【自己练】

项目练习1　绘制三居室平面打印图

🖥 图纸展示，如图 9-44 所示。

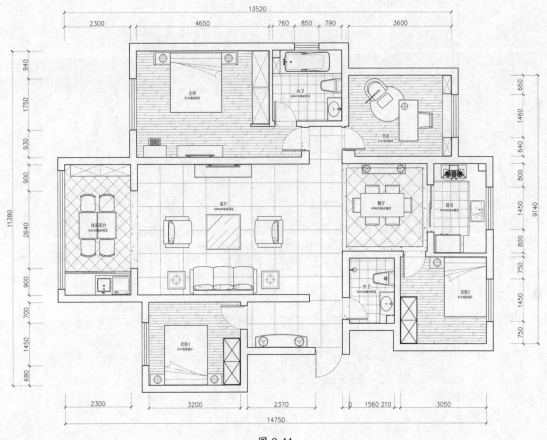

图 9-44

🖥 绘图要领：

(1) 新建布局。

(2) 新建打印样式。

项目练习 2　绘制别墅二层平面布置图并打印出图

🖥 图纸展示，如图 9-45 所示。

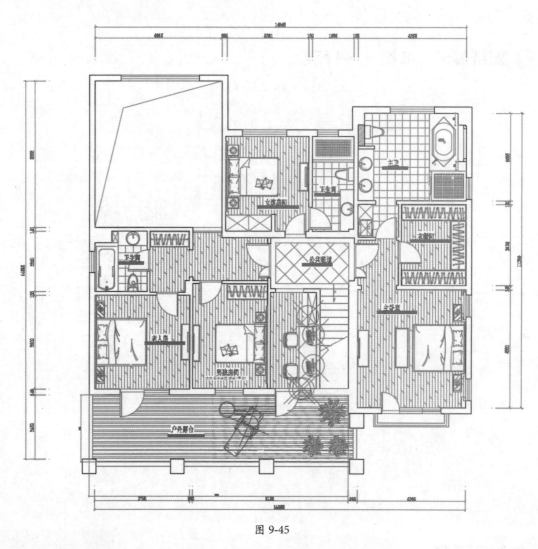

图 9-45

🖥 绘图要领：

(1) 布局创建注意事项。

(2) 打印样式设置。

第 10 章

绘制跃层住宅施工图
——施工现场图纸详解

本章概述:

　　专业化、标准化的施工图操作流程规范不但可以帮助设计者深化设计内容、完善构思想法,而且可以帮助设计者在保持设计品质及提高工作效率方面起到积极有效的作用。本章将讲解跃层住宅施工图的绘制,首先绘制平面布置图,在平面布置图基础上绘制地面、顶面及开关等电路图;然后根据平面布置图绘制立面施工图;最后根据立面图绘制剖面图纸。

要点难点:

平面布置图的绘制　★★☆

立面图的绘制　★★★

剖面图的绘制　★★★

案例预览:

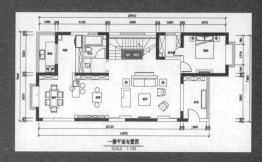

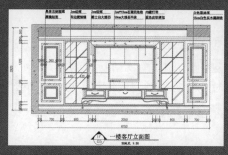

施工图展示

10.1　设计概述

　　跃层是一种新型的建筑空间设计，这类住宅的特点是住宅占有上、下两层楼，一楼设计主要以起居室、餐厅、厨房为主，二楼安排卧室、卫生间、书房，上下两层通过楼梯连接，这种设计动静分离，满足主人休息、娱乐、就餐、读书、会客等各种需要，设计风格需要在综合考虑不同业主家庭成员职业特点、艺术爱好、经济条件等方面内容的基础上，最终确定设计风格，接下来是针对各空间类型作具体分类设计，依据不同的空间类型，它们在空间尺度、家具配置、光环境设计等方面均存在特殊性。

　　通过学习该案例，读者可以了解跃层空间设计的要求和措施，掌握空间设计的内容和方法，学习空间设计图纸绘制。

10.2　绘制室内平面图

　　本节将对跃层住宅室内平面图的绘制进行介绍。其中包括一二层平面布置图的绘制、一二层地面布置图的绘制、顶面布置图的绘制、开关布置图的绘制、插座布置图的绘制等。

10.2.1　绘制一层平面布置图

　　下面首先对跃层住宅一层平面布置图的绘制过程进行介绍。

STEP 01 打开"原始结构图"文件，复制一份原始户型图，如图 10-1 所示。

STEP 02 执行"删除"命令，删除文字标注及梁轮廓线等图形，如图 10-2 所示。

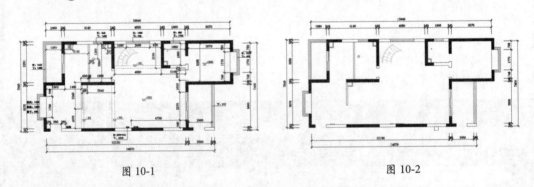

图 10-1　　　　　　　　　　　　　　　图 10-2

STEP 03 执行"矩形""圆弧"命令，绘制入户门，如图 10-3 所示。

STEP 04 执行"矩形"命令，绘制装饰台，执行"圆角"命令，修剪圆角，执行"偏移"命令，将矩形向内偏移 20mm，如图 10-4 所示。

STEP 05 执行"直线"命令，绘制装饰柜，如图 10-5 所示。

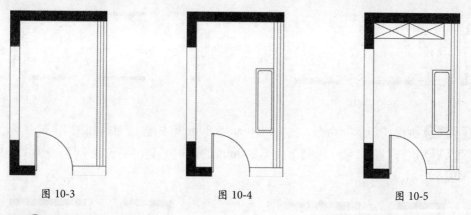

图 10-3   图 10-4   图 10-5

STEP **06** 执行"插入块"命令，单击"浏览"按钮，选择组合沙发模型，插入沙发模型，如图 10-6 所示。

STEP **07** 执行"直线""矩形"命令，绘制沙发隔断，如图 10-7 所示。

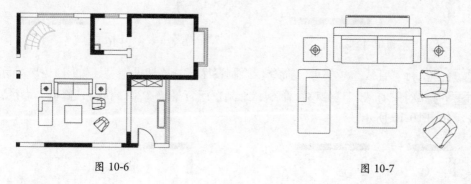

图 10-6   图 10-7

STEP **08** 执行"直线""偏移""修剪"命令，绘制电视背景墙造型，如图 10-8 所示。

STEP **09** 执行"插入块"命令，单击"浏览"按钮，选择电视机模型，插入电视机平面模型，如图 10-9 所示。

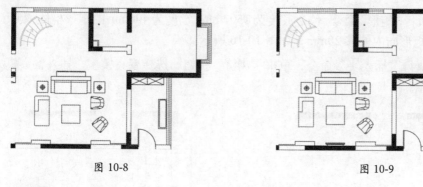

图 10-8   图 10-9

STEP **10** 执行 偏移""修剪"命令，绘制装饰柜，如图 10-10 所示。

STEP **11** 执行"直线"命令，绘制吧台，执行"插入块"命令，插入台盆模型，如图 10-11 所示。

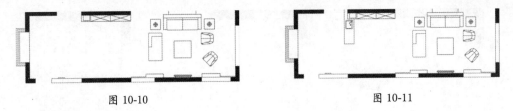

图 10-10　　　　　　　　　　　　　　　图 10-11

STEP 12 执行"矩形"命令，绘制 800mm×800mm 矩形桌面，如图 10-12 所示。

STEP 13 执行"圆"命令，绘制半径为200mm的圆形吧凳，执行"复制"，复制其他吧凳，如图 10-13 所示。

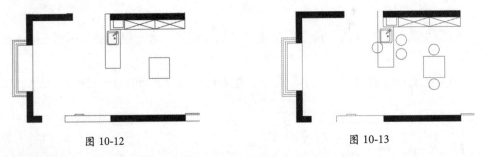

图 10-12　　　　　　　　　　　　　　　图 10-13

STEP 14 执行"直线""修剪"命令，绘制餐厅背景墙凹凸造型，如图 10-14 所示。

STEP 15 执行"直线""偏移"命令，绘制餐厅背景墙造型，执行"修剪"命令，修剪直线，如图 10-15 所示。

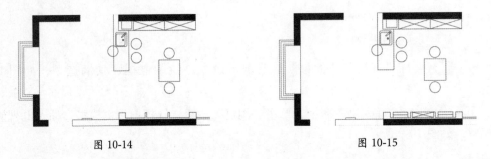

图 10-14　　　　　　　　　　　　　　　图 10-15

STEP 16 执行"矩形"命令，绘制长度为1500mm、宽度为400mm的矩形柜体，执行"偏移"命令，将矩形向内偏移20mm，如图 10-16 所示。

STEP 17 执行"插入块"命令，单击"浏览"按钮，选择餐桌模型，插入餐桌模型，如图 10-17 所示。

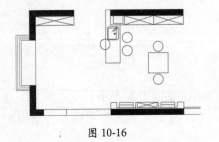

图 10-16

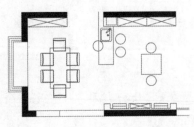

图 10-17

STEP **18** 执行"偏移"命令，将直线向内偏移 600mm，绘制橱柜台面，执行"圆角"命令，修剪直角，如图 10-18 所示。

STEP **19** 执行"插入块"命令，单击"浏览"按钮，选择灶台模型，导入灶台模型，执行同样的命令，导入洗菜盆模型，如图 10-19 所示。

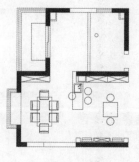

图 10-18

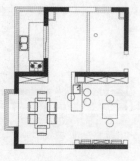

图 10-19

STEP **20** 执行"直线""偏移"命令，绘制柜子，执行"修剪"命令，修剪直线，如图 10-20 所示。

STEP **21** 执行"插入块"命令，选择冰箱模型，插入冰箱模型，执行"移动"命令，将冰箱移动到相应位置，如图 10-21 所示。

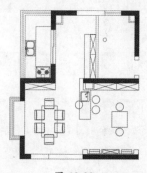

图 10-20

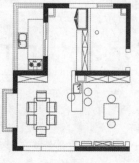

图 10-21

STEP **22** 执行"矩形""圆弧"命令，绘制卫生间门，如图 10-22 所示。

STEP **23** 执行"矩形""偏移"命令，绘制淋浴房，如图 10-23 所示。

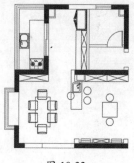

图 10-22

图 10-23

STEP 24 执行"插入块"命令,单击"浏览"按钮,导入马桶模型,执行"旋转""移动"命令,调整马桶位置,如图 10-24 所示。

STEP 25 执行"直线"命令,绘制洗漱台面,执行"插入块"命令,导入台盆,如图 10-25 所示。

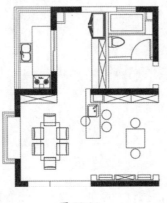
图 10-24

图 10-25

STEP 26 执行"插入块"命令,插入双人床模型,使用同样的方法导入电视机模型,如图 10-26 所示。

STEP 27 执行"直线""偏移"命令,绘制储藏柜,执行"修剪"命令,修剪柜体,如图 10-27 所示。

图 10-26

图 10-27

STEP 28 执行"直线"命令,绘制楼梯,执行"偏移"命令,偏移楼梯踏步,如图 10-28 所示。

STEP 29 执行"偏移"命令,绘制楼梯扶手宽度,执行"修剪"命令,修剪扶手,如图 10-29 所示。

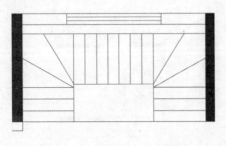
图 10-28

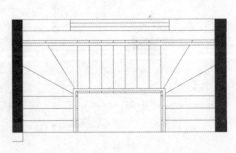
图 10-29

STEP **30** 执行"直线"命令，绘制楼梯箭头，执行"多段线"命令，绘制折断线，如图 10-30 所示。

STEP **31** 执行"矩形"命令，绘制楼梯端景外框，执行"偏移"命令，绘制楼梯端景造型，如图 10-31 所示。

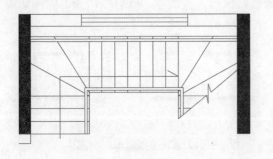

图 10-30

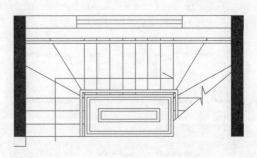

图 10-31

STEP **32** 执行"插入块"命令，导入植物平面模型，执行"缩放"命令，调整模型大小，如图 10-32 所示。

STEP **33** 执行"图案填充"命令，填充端景，设置填充图案为"AR-CONC"，设置填充图案比例 1，如图 10-33 所示。

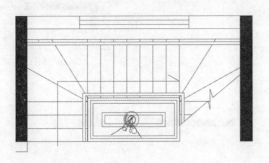

图 10-32

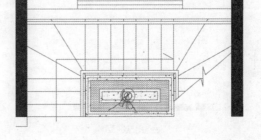

图 10-33

STEP **34** 执行"多行文字"命令，绘制标注文字，执行"复制"命令，复制文字，双击文字可更改文字内容，如图 10-34 所示。

STEP **35** 执行"直线"命令，绘制图例说明，执行"多行文字"命令，绘制标注文字，如图 10-35 所示。

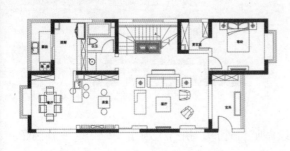

图 10-34

图 10-35

10.2.2 绘制二层平面布置图

下面对跃层住宅二层平面布置图的绘制过程进行介绍。

STEP 01 打开"原始结构图"文件，复制二层原始户型图，如图 10-36 所示。

STEP 02 执行"删除"命令，删除拆除墙体，执行"直线""修剪"命令，绘制新建墙体，如图 10-37 所示。

图 10-36

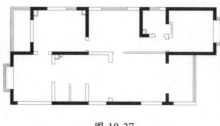

图 10-37

STEP 03 执行"插入块"命令，打开"平面图库"，选择双人床模型，导入双人床模型，执行"旋转""移动"命令，调整双人床位置，如图 10-38 所示。

STEP 04 执行"矩形"命令，绘制 1400mm×300mm 的矩形电视柜，如图 10-39 所示。

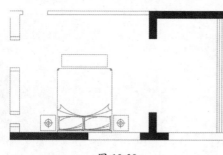

图 10-38

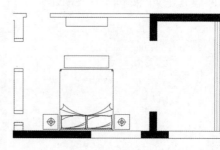

图 10-39

STEP 05 执行"插入块"命令，选择电视机模型，导入电视机平面，如图 10-40 所示。

STEP 06 执行"矩形"命令，绘制阳台储物柜，执行"直线"命令，连接储物柜直线，如图 10-41 所示。

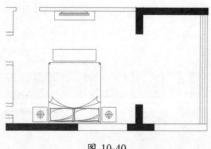

图 10-40

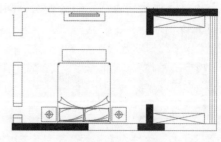

图 10-41

STEP 07 执行"直线""偏移"命令，绘制吧台外框，执行"圆角"命令，设置圆角半径为 0，修剪直角，如图 10-42 所示。

STEP **08** 执行"圆"命令,绘制半径为200mm的圆形吧凳,执行"复制"命令,复制吧凳,如图 10-43 所示。

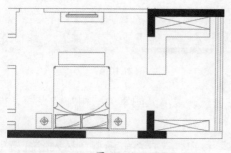

图 10-42

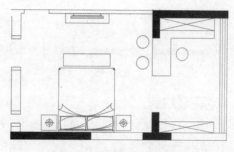

图 10-43

STEP **09** 执行"直线""偏移"命令,绘制沙发,执行"圆角"命令,设置圆角半径为 30,修剪圆角,如图 10-44 所示。

STEP **10** 执行"矩形""圆弧"命令,绘制卧室门,如图 10-45 所示。

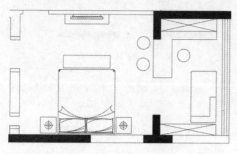

图 10-44

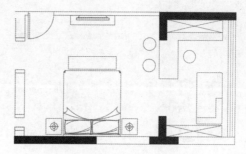

图 10-45

STEP **11** 执行"偏移"命令,将墙体向内偏移 600mm 绘制卫生间台面,执行"延伸"命令,调整台面,执行"直线"命令,绘制柜体,如图 10-46 所示。

STEP **12** 执行"插入块"命令,选择台盆模型,导入台盆,执行"镜像"命令,复制台盆,如图 10-47 所示。

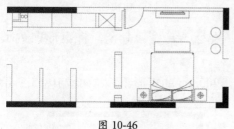

图 10-46

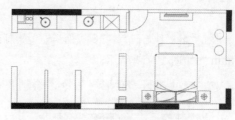

图 10-47

STEP **13** 执行"直线""偏移"命令,绘制淋浴房隔断,执行"修剪"命令,修剪直线,如图 10-48 所示。

STEP **14** 执行"插入块"命令,单击"浏览"按钮,选择马桶模型并插入马桶模型,如图 10-49 所示。

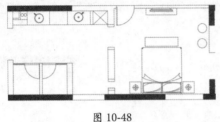

图 10-48

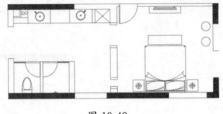

图 10-49

STEP **15** 执行"图案填充"命令，填充淋浴房，设置填充图案为"用户定义"，设置填充间距为50，选择双向，如图 10-50 所示。

STEP **16** 执行"插入块"命令，单击"浏览"按钮，选择浴缸模型，插入浴缸模型，如图 10-51 所示。

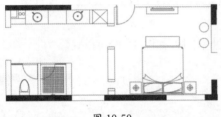

图 10-50

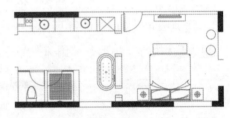

图 10-51

STEP **17** 执行"矩形""圆弧"命令，绘制房门，执行"镜像"命令，复制双开门，如图 10-52 所示。

STEP **18** 执行"直线""偏移"命令，绘制衣帽间衣柜，如图 10-53 所示。

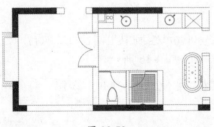

图 10-52

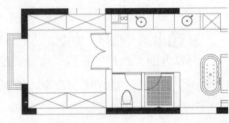

图 10-53

STEP **19** 执行"矩形"命令，绘制矮柜，执行"偏移"命令，将矩形向内偏移 20mm，如图 10-54 所示。

STEP **20** 执行"矩形"命令，绘制 800mm×1200mm 的矩形凳子，如图 10-55 所示。

图 10-54

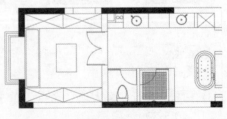

图 10-55

STEP **21** 执行"直线"命令，绘制书柜，执行"偏移""修剪"命令，调整书柜，如图 10-56 所示。

STEP **22** 执行"矩形"命令，绘制 1500mm×600mm 书桌，执行"圆""偏移"命令，绘制台灯如图 10-57 所示。

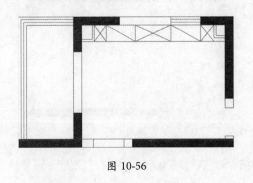

图 10-56

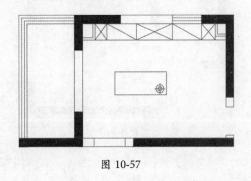

图 10-57

STEP **23** 执行"插入块"命令，单击"浏览"按钮，选择椅子模型，插入椅子模型，执行"旋转""移动"命令，调整椅子位置，如图 10-58 所示。

STEP **24** 执行"复制"命令，选择主卧沙发，复制到书房，执行"镜像"命令，调整沙发方向，执行同样命令，导入房门，如图 10-59 所示。

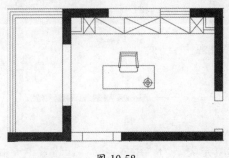

图 10-58

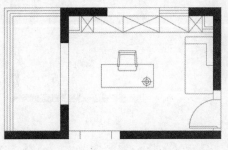

图 10-59

STEP **25** 执行"直线"命令，绘制台面，执行"插入块"命令，插入台盆模型和洗衣机模型，如图 10-60 所示。

STEP **26** 执行"插入块"命令，单击"浏览"按钮，选择跑步机模型，插入跑步机模型，执行"旋转"命令，调整跑步机方向和位置，如图 10-61 所示。

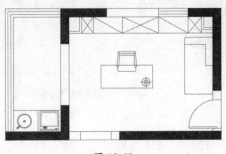

图 10-60

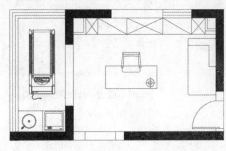

图 10-61

CHAPTER 06

CHAPTER 07

CHAPTER 08

CHAPTER 09

CHAPTER 10

STEP **27** 执行"直线""偏移"命令,绘制衣柜,如图 10-62 所示。

STEP **28** 执行"插入块"命令,单击"浏览"按钮,选择单人床模型,插入单人床模型,如图 10-63 所示。

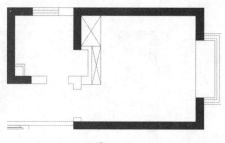 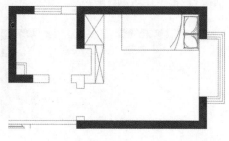

图 10-62   图 10-63

STEP **29** 执行"矩形"命令,绘制书桌和椅子,执行"旋转"命令,设置旋转角度为45°,如图 10-64 所示。

STEP **30** 执行"矩形""偏移"命令,绘制淋浴房,执行"直线"命令,绘制挡水条,如图 10-65 所示。

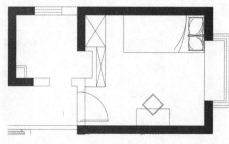 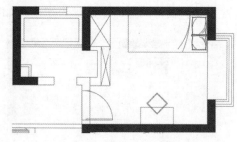

图 10-64   图 10-65

STEP **31** 执行"图案填充"命令,选择图案填充类型为"用户定义",设置填充间距为 50,选择双向,如图 10-66 所示。

STEP **32** 执行"直线"命令,绘制洗漱台,执行"复制"命令,复制台盆,执行"旋转"命令,旋转台盆,如图 10-67 所示。

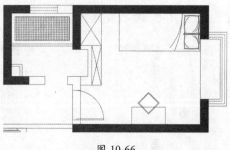 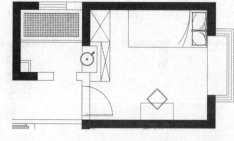

图 10-66   图 10-67

STEP **33** 执行"插入块"命令,单击"浏览"按钮,选择马桶模型,插入马桶模型,如图 10-68 所示。

STEP 34 执行"矩形""圆弧"命令,绘制卫生间门,如图 10-69 所示。

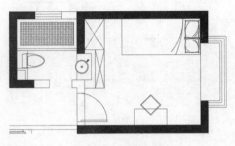

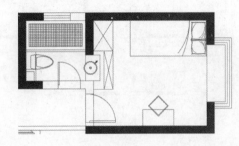

图 10-68　　　　　　　　　　　　　　　　　图 10-69

STEP 35 执行"直线""偏移"命令,绘制楼梯轮廓,执行"修剪"命令,修剪楼梯造型,如图 10-70 所示。

STEP 36 执行"偏移"命令,绘制楼梯踏步,执行"直线"命令,绘制转角楼梯踏步,如图 10-71 所示。

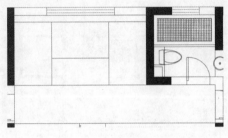

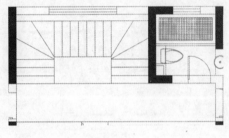

图 10-70　　　　　　　　　　　　　　　　　图 10-71

STEP 37 执行"直线""偏移"命令,绘制楼梯扶手,如图 10-72 所示。

STEP 38 执行"修剪"命令,修剪楼梯扶手和踏步交叉线,如图 10-73 所示。

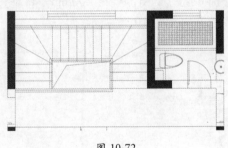

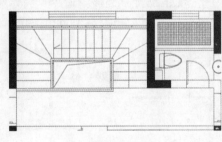

图 10-72　　　　　　　　　　　　　　　　　图 10-73

STEP 39 执行"多行文字"命令,绘制标注文字,执行"复制"命令,复制文字,双击文字更改文字内容,如图 10-74 所示。

STEP 40 执行"复制"命令,复制一层平面布置图图例,双击文字,更改文字内容,如图 10-75 所示。

图 10-74

图 10-75

10.2.3　绘制一层地面布置图

下面将对跃层住宅一层地面布置图的绘制过程进行介绍。

STEP 01 打开"平面布置图"文件，复制一份平面布置图，如图 10-76 所示。

STEP 02 执行"删除"命令，删除家具平面模型，如图 10-77 所示。

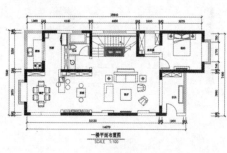

图 10-76

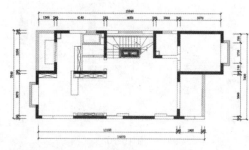

图 10-77

STEP 03 执行"直线"命令，捕捉门厅墙体中心点绘制直线辅助线，如图 10-78 所示。

STEP 04 执行"偏移"命令，将水平直线分别向上、下两侧偏移 400mm，将垂直直线分别向左、右两侧偏移 200mm、400mm，绘制地砖，如图 10-79 所示。

图 10-78

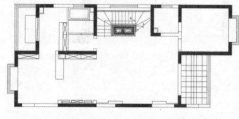

图 10-79

STEP 05 执行"修剪"命令，修剪地砖，执行"删除"命令，删除多余直线，如图 10-80 所示。

STEP 06 执行"偏移"命令，将直线向外分别偏移 100mm，偏移大理石花边，执行"圆角"命令，设置半径为 0，修剪直角，如图 10-81 所示。

图 10-80

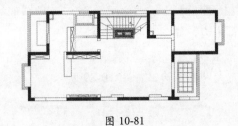

图 10-81

STEP **07** 执行"图案填充"命令，填充大理石花边，选择图案填充类型为"AR-CONC"，设置填充比例为1，如图 10-82 所示。

STEP **08** 执行"图案填充"命令，填充地砖，选择图案填充类型"用户定义"，设置填充间距为 600，选择双向，如图 10-83 所示。

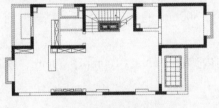

图 10-82

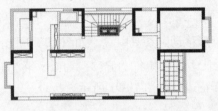

图 10-83

STEP **09** 执行"多段线"命令，沿着墙体绘制地面走边，执行"偏移"命令，将直线向内偏移 150mm，如图 10-84 所示。

STEP **10** 执行"直线"命令，捕捉客厅墙体中心点，分别绘制直线，如图 10-85 所示。

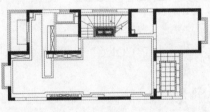

图 10-84

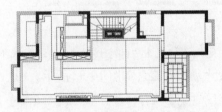

图 10-85

STEP **11** 执行"偏移"命令，将水平直线分别向上、下两侧偏移 400mm，将垂直直线分别向左、右两侧偏移 400mm，如图 10-86 所示。

STEP **12** 执行"修剪"命令，修剪地砖造型，执行"矩形"命令，捕捉造型绘制矩形，如图 10-87 所示。

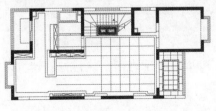

图 10-86

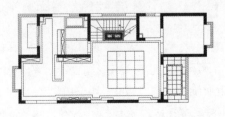

图 10-87

STEP 13 执行"偏移"命令,将矩形分别向外偏移50mm、100mm、50mm,绘制大理石花边,如图10-88所示。

STEP 14 执行"图案填充"命令,选择图案填充类型"AR-CONC",设置填充比例为1,填充大理石花边,如图10-89所示。

图 10-88   图 10-89

STEP 15 执行"矩形"命令,绘制1800mm×1800mm的矩形,执行"移动"命令,将矩形移动到茶室中心,如图10-90所示。

STEP 16 执行"偏移"命令,将矩形分别向内偏移50mm、100mm、50mm,绘制大理石花边,如图10-91所示。

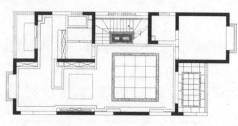
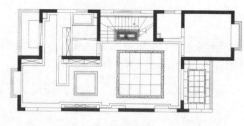

图 10-90   图 10-91

STEP 17 执行"图案填充"命令,选择图案填充类型为"AR-CONC",设置填充比例为1,填充大理石花边,如图10-92所示。

STEP 18 执行"圆弧""圆"命令,绘制地面拼花,执行"修剪"命令,修剪拼花,如图10-93所示。

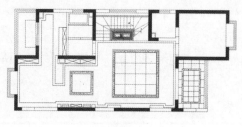
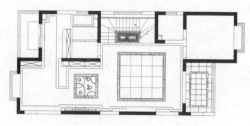

图 10-92   图 10-93

STEP 19 执行"矩形"命令,绘制400mm×400mm矩形地砖,执行"旋转"命令,将矩形旋转45°,如图10-94所示。

STEP 20 执行"复制"命令,指定矩形角点,依次复制矩形,如图10-95所示。

图 10-94

图 10-95

STEP 21 执行"矩形"命令，捕捉角点绘制矩形，执行"修剪""删除"命令，修剪地面造型，如图 10-96 所示。

STEP 22 执行"偏移"命令，将矩形分别向外偏移 50mm、100mm、50mm，执行"图案填充"命令，填充大理石图案，如图 10-97 所示。

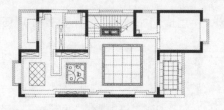

图 10-96

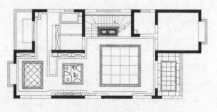

图 10-97

STEP 23 执行"图案填充"命令，选择图案填充类型为"用户定义"，设置填充间距为 800，选择双向，如图 10-98 所示。

STEP 24 执行"图案填充"命令，填充防滑地砖，选择填充图案为"USER"，设置填充比例为 30，如图 10-99 所示。

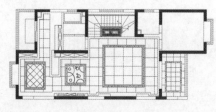

图 10-98

图 10-99

STEP 25 执行"图案填充"命令，填充木地板，选择填充图案为"DOLMIT"，设置填充比例为 15，如图 10-100 所示。

STEP 26 执行"图案填充"命令，填充过门石，选择填充图案为"AR-SAND"，设置填充比例为 2，如图 10-101 所示。

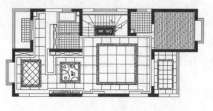

图 10-100

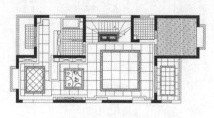

图 10-101

STEP **27** 执行"图案填充"命令，填充飘窗，选择填充图案为"AR-CONC"，设置填充比例为 1，如图 10-102 所示。

STEP **28** 执行"引线"命令，绘制引线，执行"多行文字"命令，绘制标注文字，如图 10-103 所示。

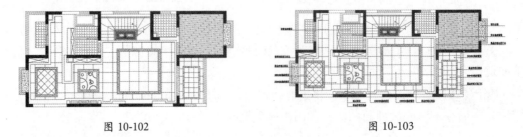

图 10-102　　　　　　　　　　　　　图 10-103

STEP **29** 双击图例说明文字，更改文字内容为"一层地面布置图"，如图 10-104 所示。

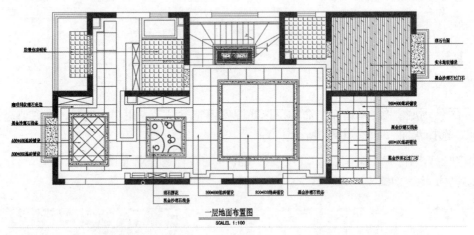

一层地面布置图
SCALEL 1:100

图 10-104

10.2.4　绘制二层地面布置图

下面将对跃层住宅二层地面布置图的绘制过程进行介绍。

STEP **01** 打开"平面布置图"文件，复制一份二楼平面布置图，如图 10-105 所示。

STEP **02** 执行"删除"命令，删除家具平面模型，如图 10-106 所示。

图 10-105

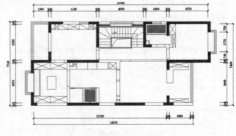

图 10-106

STEP 03 执行"图案填充"命令，填充木地板，选择填充图案为"DOLMIT"，设置填充比例为15，如图10-107所示。

STEP 04 执行"矩形""偏移"命令，绘制走廊走边，执行"图案填充"命令，填充马赛克，选择图案填充类型为"用户定义"，设置填充间距为50，选择双向，如图10-108所示。

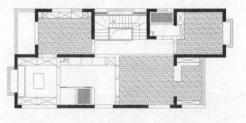

图 10-107

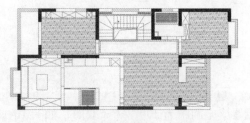

图 10-108

STEP 05 执行"图案填充"命令，选择图案填充类型为"用户定义"，设置填充间距为300，设置填充角度为45°，选择双向，如图10-109所示。

STEP 06 执行"多段线""偏移"命令，绘制卫生间走边，执行"图案填充"命令，填充大理石边线，选择填充图案为"AR-CONC"，设置填充比例为1，如图10-110所示。

图 10-109

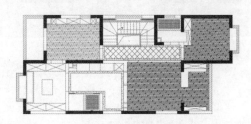

图 10-110

STEP 07 执行"图案填充"命令，填充卫生间地砖，选择图案填充类型为"用户定义"，设置填充间距为300，选择双向，如图10-111所示。

STEP 08 执行"图案填充"命令，填充马赛克，选择图案填充类型为"用户定义"，设置填充间距50，选择双向，如图10-112所示。

图 10-111

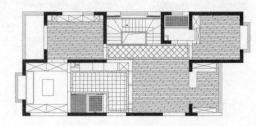

图 10-112

STEP 09 执行"图案填充"命令，绘制黑白马赛克，选择图案填充类型为"用户定义"，设置填充间距为50，选择双向，执行"分解"命令，分解填充图案，执行"图案填充"命令，填充图案为"SOLID"，如图10-113所示。

STEP 10 执行"图案填充"命令，填充衣帽间木地板，选择填充图案为"DOLMIT"，设置填充比例为15，如图10-114所示。

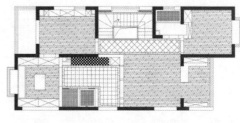

图 10-113　　　　　　　　　　　　　　图 10-114

STEP 11 执行"图案填充"命令，填充卫生间地面，选择图案填充类型为"用户定义"，设置填充间距为300，选择双向，如图10-115所示。

STEP 12 执行"图案填充"命令，填充飘窗，选择填充图案为"AR-CONC"，设置填充比例为1，如图10-116所示。

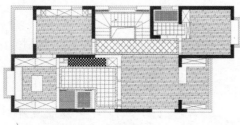
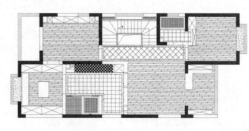

图 10-115　　　　　　　　　　　　　　图 10-116

STEP 13 执行"图案填充"命令，填充阳台，选择填充图案为"ANGLE"，设置填充比例为30，如图10-117所示。

STEP 14 执行"图案填充"命令，填充过门石，选择填充图案为"AR-CONC"，设置填充比例为1，如图10-118所示。

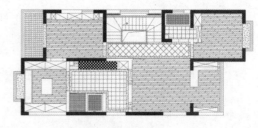

图 10-117　　　　　　　　　　　　　　图 10-118

STEP 15 执行"引线"命令，绘制引线，执行"多行文字"命令，绘制标注文字，如图10-119所示。

STEP 16 双击图例说明文字，更改文字内容为"一层地面布置图"，如图10-120所示。

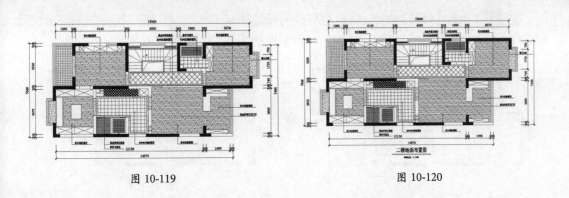

图 10-119　　　　　　　　　　　图 10-120

10.2.5　绘制一层顶面布置图

下面将对跃层住宅一层顶面布置图的绘制过程进行介绍。

STEP 01 打开"平面布置图"文件，执行"复制"命令，复制一楼平面布置图，如图 10-121 所示。

STEP 02 执行"删除"命令，删除家具平面模型，如图 10-122 所示。

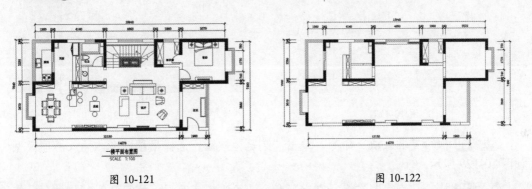

图 10-121　　　　　　　　　　　图 10-122

STEP 03 执行"多段线"命令，沿着墙边绘制直线，执行"偏移"命令，依次将直线向内偏移 30mm、70mm，绘制石膏线，如图 10-123 所示。

STEP 04 执行"偏移"命令，偏移顶面造型和石膏线，执行"修剪"命令，修剪客厅顶面吊顶造型，如图 10-124 所示。

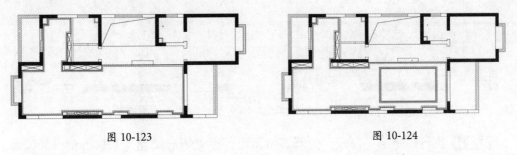

图 10-123　　　　　　　　　　　图 10-124

STEP 05 执行"圆""圆弧"命令，绘制顶面花纹造型，执行"修剪"命令，修剪花纹，如图 10-125 所示。

STEP 06 执行"偏移"命令,将造型直线向外偏移60mm,绘制灯带,执行"特性"命令,设置灯带线型为"ACADISO03W100",线型比例为5,如图10-126所示。

图 10-125　　　　　　　　　　　　图 10-126

STEP 07 执行"圆"命令,绘制半径为50mm的筒灯,执行"直线"命令,绘制直线,如图10-127所示。

STEP 08 执行"复制"命令,指定基点,复制筒灯,如图10-128所示。

图 10-127

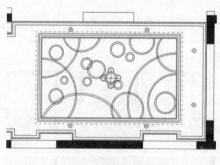

图 10-128

STEP 09 执行"插入块"命令,单击"浏览"按钮,选择吊顶模型,插入吊顶模型,如图10-129所示。

STEP 10 执行"直线""多行文字"命令,绘制标高符号,执行"复制"命令,复制标高符号,双击文字,更改文字内容,如图10-130所示。

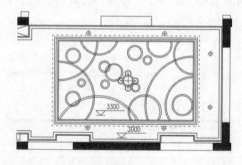

图 10-129　　　　　　　　　　　　图 10-130

STEP 11 执行"矩形"命令,绘制茶室吊顶,设置矩形尺寸为1500mm×1500mm,执行"图案填充"命令,选择图案填充类型为"用户定义",设置填充间距为500,选择双向,如图10-131所示。

STEP **12** 执行"偏移"命令，依次将直线向外偏移 30mm、50mm、150mm、50mm，绘制线条，如图 10-132 所示。

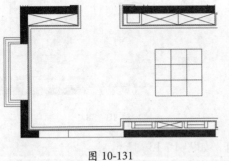

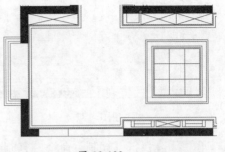

图 10-131   图 10-132

STEP **13** 执行"矩形"命令，绘制 2000mm×2000mm 的矩形，执行"偏移"命令，依次将直线向内偏移 30mm、50mm、150mm、50mm，绘制餐厅吊顶，如图 10-133 所示。

STEP **14** 执行"直线"命令，连接对角点绘制直线，执行"定数等分"命令，等分直线，如图 10-134 所示。

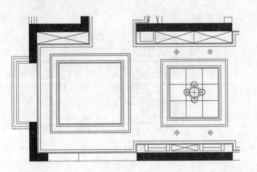

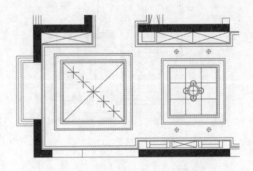

图 10-133   图 10-134

STEP **15** 执行"复制"命令，以等分点为基点，依次复制直线，如图 10-135 所示。

STEP **16** 执行"镜像"命令，以矩形中心点为镜像轴，复制直线，如图 10-136 所示。

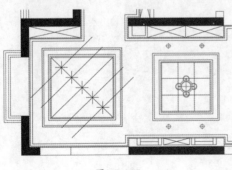

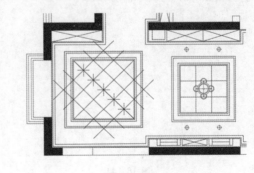

图 10-135   图 10-136

STEP **17** 执行"修剪"命令，修剪顶面造型，如图 10-137 所示。

STEP **18** 执行"复制"命令，分别复制吊灯和筒灯，如图 10-138 所示。

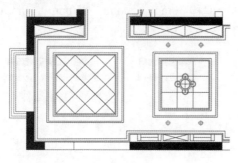

图 10-137

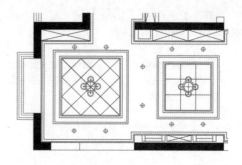

图 10-138

STEP 19 执行"复制"命令，复制厨房筒灯，如图 10-139 所示。

STEP 20 执行"复制"命令，复制标高符号，双击文字，更改文字内容，如图 10-140 所示。

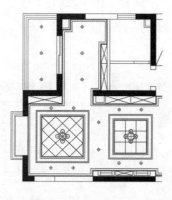

图 10-139

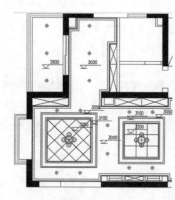

图 10-140

STEP 21 执行"矩形"命令，设置矩形圆角为 40，绘制 300mm×300 的圆角矩形浴霸，如图 10-141 所示。

STEP 22 执行"圆""偏移"命令，绘制圆形灯泡，执行"复制"命令，复制圆形灯泡，如图 10-142 所示。

图 10-141

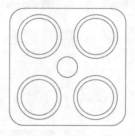

图 10-142

STEP 23 执行"复制"命令，分别复制卫生间筒灯，如图 10-143 所示。

STEP 24 执行"矩形"命令，沿着走廊边绘制矩形，执行"偏移"命令，将直线向内依次偏移 30mm、70mm，如图 10-144 所示。

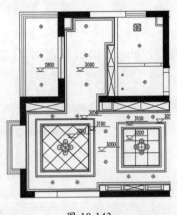

图 10-143

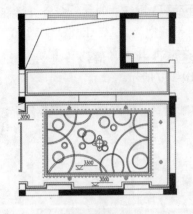

图 10-144

STEP 25 继续执行"偏移"命令，将矩形向内依次偏移200mm、20mm、30mm，如图 10-145 所示。

STEP 26 执行"复制"命令，分别复制筒灯，如图 10-146 所示。

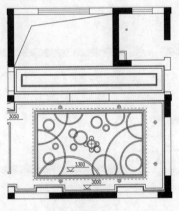

图 10-145

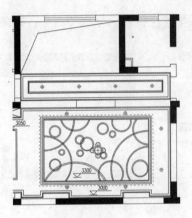

图 10-146

STEP 27 执行"矩形"命令，沿着卧室墙边绘制矩形，执行"偏移"命令，将直线向内依次偏移 30mm、70mm，绘制石膏线，如图 10-147 所示。

STEP 28 继续执行"偏移"命令，将直线向内依次偏移400mm、50mm，绘制顶面造型，如图 10-148 所示。

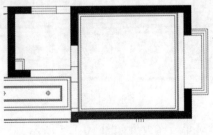

图 10-147

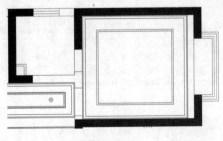

图 10-148

STEP **29** 执行"偏移"命令，将直线向外偏移50mm，绘制灯带，执行"特性"命令，设置灯带线型为"ACADISO03W100"，线型比例为5，如图10-149所示。

STEP **30** 执行"偏移"命令，将直线向内依次偏移50mm、30mm，绘制石膏线条，如图10-150所示。

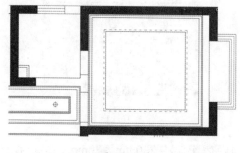

图 10-149　　　　　　　　　　　　　　　　图 10-150

STEP **31** 执行"圆""偏移"命令，绘制吸顶灯，执行"复制"命令，分别复制筒灯，如图10-151所示。

STEP **32** 执行"复制"命令，复制储藏室筒灯，如图10-152所示。

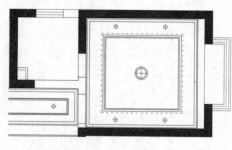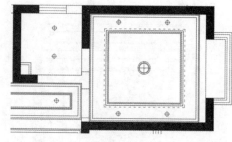

图 10-151　　　　　　　　　　　　　　　　图 10-152

STEP **33** 执行"复制"命令，复制标高符号，双击文字，更改文字内容，如图10-153所示。

STEP **34** 执行"多行文字"命令，标注文字说明，执行"复制"命令，复制文字，双击文字，更改文字内容，如图10-154所示。

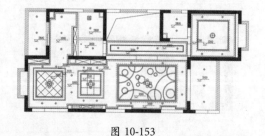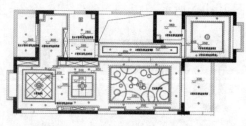

图 10-153　　　　　　　　　　　　　　　　图 10-154

STEP **35** 双击图例说明文字，更改文字内容，顶面最终效果如图10-155所示。

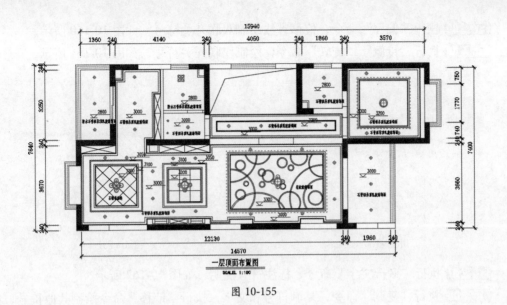

图 10-155

10.2.6　绘制一层开关布置图

下面将对跃层住宅一层开关布置图的绘制过程进行介绍。

STEP 01 执行"复制"命令，复制一楼顶面布置图，如图 10-156 所示。

STEP 02 执行"删除"命令，删除顶面造型、文字等内容，保留灯具，如图 10-157 所示。

图 10-156

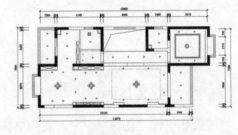

图 10-157

STEP 03 执行"圆""直线"命令，绘制单联开关符号，如图 10-158 所示。

STEP 04 执行"图案填充"命令，填充符号，拾取填充范围，选择填充图案为"ANSI31"，设置填充比例为 1，如图 10-159 所示。

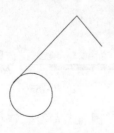

图 10-158

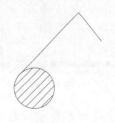

图 10-159

STEP 05 执行"偏移"命令，偏移直线绘制双联开关符号，如图 10-160 所示。

STEP 06 执行"镜像""旋转"命令，绘制双联开关符号，如图 10-161 所示。

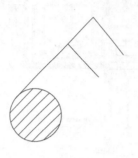
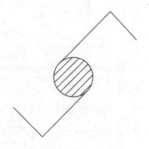

图 10-160   图 10-161

STEP 07 执行"多行文字"命令，标注符号说明，如图 10-162 所示。

STEP 08 执行"复制"命令，复制符号和文字，执行"偏移"命令绘制其他符号，如图 10-163 所示。

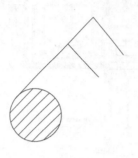

1. 暗装单联开关

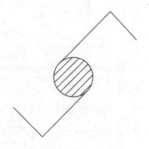

1. 暗装单联开关
2. 暗装双联开关
3. 暗装三联开关
4. 暗装四联开关
5. 暗装双控开关

图 10-162   图 10-163

STEP 09 执行"复制"命令，复制单联开关和双联开关，执行"圆弧"命令，连接灯具，如图 10-164 所示。

STEP 10 执行"圆弧"命令，绘制客厅灯具开关，如图 10-165 所示。

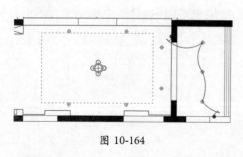
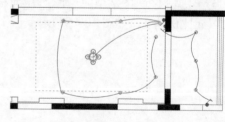

图 10-164   图 10-165

STEP 11 执行"复制"命令，复制双联开关，执行"圆弧"命令，连接灯具，如图 10-166 所示。

STEP **12** 执行"复制"命令，复制三联开关，执行"圆弧"命令，连接餐厅灯具，如图 10-167 所示。

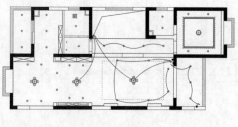

图 10-166   图 10-167

STEP **13** 执行执行"圆弧"命令，连接厨房灯具，如图 10-168 所示。

STEP **14** 执行"复制"命令，复制开关，执行"圆弧"命令，连接卫生间灯具，如图 10-169 所示。

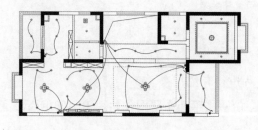
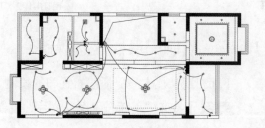

图 10-168   图 10-169

STEP **15** 执行"复制"命令，复制双联开关，执行"圆弧"命令，连接卧室灯具，如图 10-170 所示。

STEP **16** 执行"复制"命令，复制单联开关，执行"圆弧"命令，连接楼梯灯具，如图 10-171 所示。

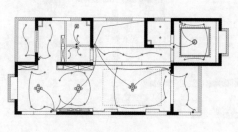
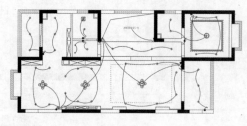

图 10-170   图 10-171

STEP **17** 双击图例说明文字，更改文字内容，顶面最终效果如图 10-172 所示。

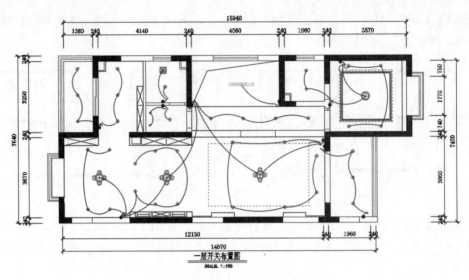

图 10-172　顶面最终效果

10.2.7　绘制一层插座布置图

下面对跃层住宅一层插座布置图的绘制过程进行介绍。

STEP 01 打开"平面布置图"文件，复制一份一楼平面布置图，如图 10-173 所示。

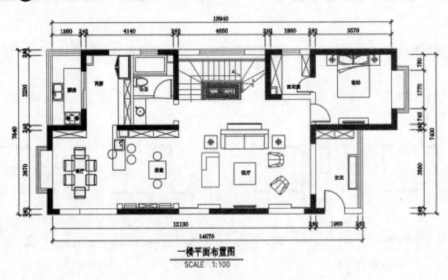

图 10-173

STEP 02 执行"圆""直线"命令，绘制插座符号，执行"修剪"命令，修剪符号，如图 10-174 所示。

STEP 03 执行"图案填充"命令，填充符号，拾取填充范围，选择填充图案为"SOLID"，如图 10-175 所示。

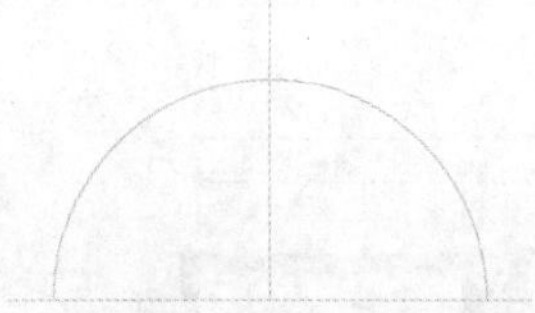

图 10-174

图 10-175

STEP 04 执行"多行文字"命令，标注符号说明，如图 10-176 所示。

STEP 05 执行"复制"命令，复制符号和文字，执行"直线"绘制其他符号，如图 10-177 所示。

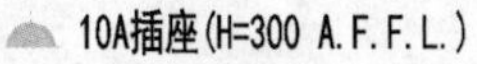

10A插座(H=300 A.F.F.L.)

10A地插座(H=300 A.F.F.L.)

空调插座(H=2000 A.F.F.L.)

10A插座(H=300 A.F.F.L.)

图 10-176

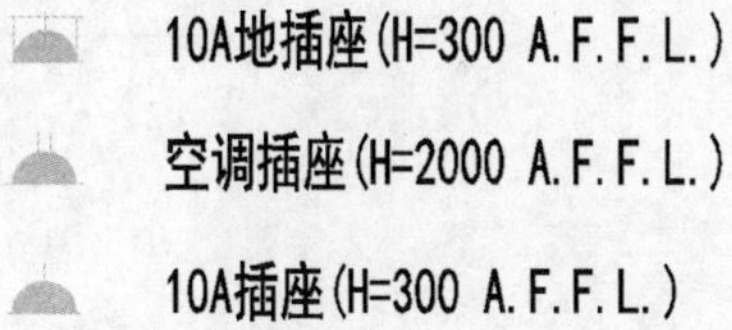

图 10-177

STEP 06 执行"直线"命令，绘制等边三角形弱电符号，执行"多行文字"命令，绘制文字，如图 10-178 所示。

STEP 07 执行"复制"命令，复制符号和文字，双击文字更改文字内容，如图 10-179 所示。

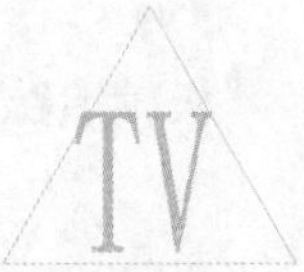

TV

天线插座(H=300 A.F.F.L.)

电话插座(H=300 A.F.F.L.)

网络插座(H=300 A.F.F.L.)

图 10-178

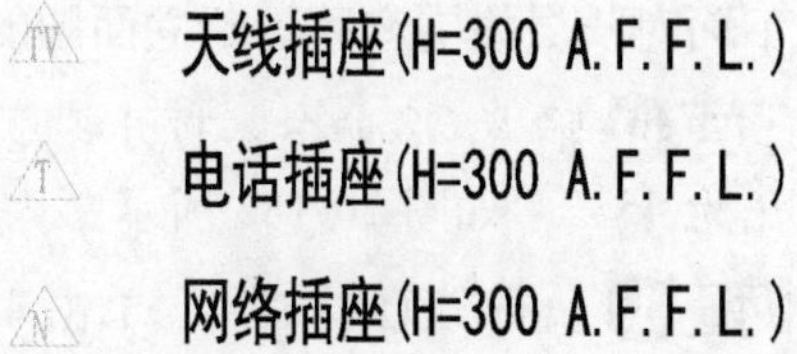

图 10-179

STEP 08 执行"复制""旋转"命令，绘制插座布置图，如图 10-180 所示。

STEP 09 执行"多行文字"命令，标注插座高度，如图 10-181 所示。

图 10-180

图 10-181

STEP 10 双击图例说明文字，更改文字内容，一楼插座布置图最终效果如图 10-182 所示。

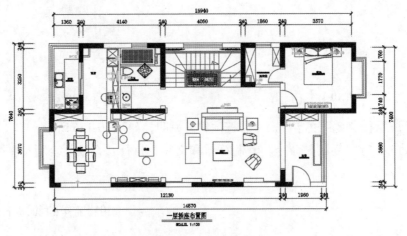

图 10-182　插座最终效果

10.3　绘制主要立面图

本节对跃层住宅中主要立面图的绘制过程进行介绍，其中包括客厅隔断立面图、电视墙背景墙立面图、卧室立面图、楼梯立面图等。

10.3.1　绘制客厅隔断立面图

下面对跃层住宅客厅隔断立面图的绘制过程进行介绍。

STEP 01 输入 OS 命令，打开"草图设置"对话框，选择"极轴追踪"选项卡，设置增量角为 45°，如图 10-183 所示。

STEP 02 执行"直线"命令，单击"极轴追踪"标签，绘制边长为 300mm 的等边三角形，如图 10-184 所示。

图 10-183

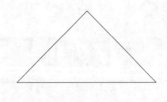

图 10-184

STEP **03** 执行"圆"命令，以三角形底边中心点为圆心绘制半径为 120mm 的圆，如图 10-185 所示。

STEP **04** 执行"图案填充"命令，拾取填充范围，选择填充图案为"SOLID"，其他参数保持默认，如图 10-186 所示。

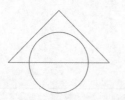

图 10-185   图 10-186

STEP **05** 执行"复制""旋转"命令，复制图标，执行"移动"命令，调整图标位置，如图 10-187 所示。

STEP **06** 执行"修剪"命令，修剪两边圆形内直线，执行"直线"命令，绘制直线，如图 10-188 所示。

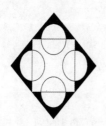

图 10-187   图 10-188

STEP **07** 执行"多行文字"命令，绘制标注文字，执行"复制"命令，复制文字，双击文字，更改文字内容，如图 10-189 所示。

STEP **08** 执行"移动""复制"命令，将图标移动至客厅位置，如图 10-190 所示。

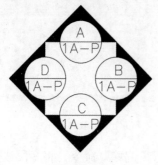

图 10-189

图 10-190

STEP 09 执行"矩形"命令,根据平面尺寸图,绘制6150mm×2920mm的矩形立面外框,执行"分解"命令,分解矩形,如图10-191所示。

STEP 10 执行"偏移"命令,将上、下两条直线分别向外偏移120mm,将左边直线向外偏移240mm,执行"圆角"命令,设置圆角半径为"0",修整直角,如图10-192所示。

图 10-191

图 10-192

STEP 11 执行"图案填充"命令,拾取填充范围,选择填充图案为"ANSI31",设置填充比例为10,如图10-193所示。

STEP 12 执行"图案填充"命令,拾取填充范围,选择填充图案为"AR-CONC",设置填充比例为1,如图10-194所示。

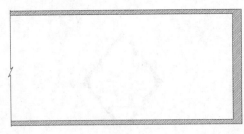

图 10-193

图 10-194

STEP 13 执行"偏移"命令,将顶面直线向下偏移300mm,执行"修剪"命令,修剪顶面造型,将地面直线向上偏移50mm,如图10-195所示。

STEP 14 执行"图案填充"命令,拾取填充范围,选择填充图案为"ANSI31",设置填充比例为10,如图10-196所示。

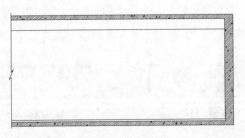

图 10-195

图 10-196

STEP 15 执行"多段线"命令,绘制多段线,执行"偏移"命令,将多段线向内偏移100mm,如图10-197所示。

STEP 16 执行"分解"命令，分解多段线，执行"偏移"命令，分别将两边直线向内偏移 2100mm、100mm，如图 10-198 所示。

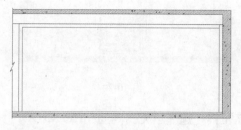

图 10-197

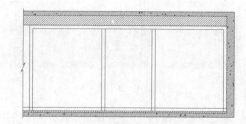

图 10-198

STEP 17 执行"修剪"命令，修剪立面造型，如图 10-199 所示。

STEP 18 执行"偏移"命令，将四边直线分别向内偏移 50mm、20mm、30mm，执行"圆角"命令，设置圆角半径为 0，修剪直角，如图 10-200 所示。

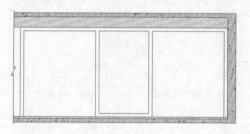

图 10-199

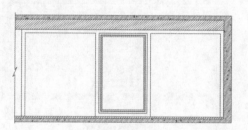

图 10-200

STEP 19 执行"矩形"命令，捕捉最内侧矩形左下角点，绘制 1250mm×1000mm 矩形大理石造型，执行"偏移"命令，将矩形向内分别偏移 20mm、30mm，如图 10-201 所示。

STEP 20 执行"图案填充"命令，拾取填充范围，选择填充图案为"AR-CONC"，设置填充比例为 1，如图 10-202 所示。

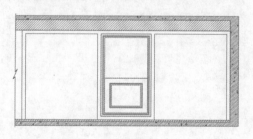

图 10-201

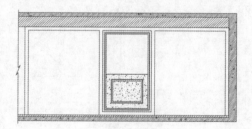

图 10-202

STEP 21 执行"矩形"命令，捕捉矩形上方，绘制矩形玻璃造型，执行"偏移"命令，将矩形向内偏移 50mm，如图 10-203 所示。

STEP 22 执行"圆""圆弧"命令，绘制玻璃花纹，执行"修剪"命令，修剪花纹图案，如图 10-204 所示。

CHAPTER 06
CHAPTER 07
CHAPTER 08
CHAPTER 09
CHAPTER 10

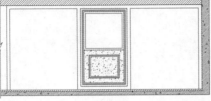

图 10-203

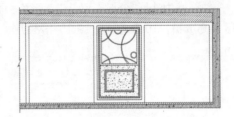

图 10-204

STEP 23 执行"图案填充"命令，拾取填充范围，选择填充图案为"AR-RROOF"，设置填充角度为 45，设置填充比例为 25，如图 10-205 所示。

STEP 24 执行"图案填充"命令，拾取填充范围，选择填充图案为"ANSI31"，设置填充比例为 10，如图 10-206 所示。

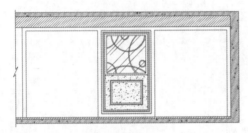

图 10-205

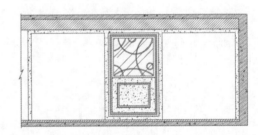

图 10-206

STEP 25 打开"标注样式管理器"命令，新建样式"元筑 40"，设置线参数，如图 10-207 所示。

STEP 26 在弹出的对话框中选择"符号和箭头"选项卡，更改"第一个""第二个"箭头为"建筑标记"，如图 10-208 所示。

图 10-207

图 10-208

STEP 27 切换到"调整"选项卡，设置全局比例为 30，其他参数保持默认值，如图 10-209 所示。

STEP 28 切换到"主单位"选项卡，设置精度为 0，如图 10-210 所示。

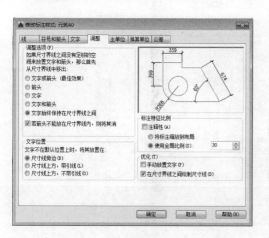

图 10-209

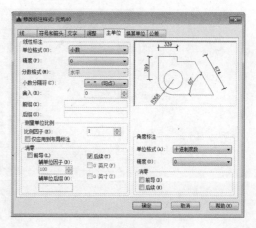

图 10-210

STEP 29 执行"线性标注""快速标注"命令，标注立面尺寸，如图 10-211 所示。

STEP 30 执行"引线"命令，绘制引线，执行"多行文字"命令，标注材料名称，如图 10-212 所示。

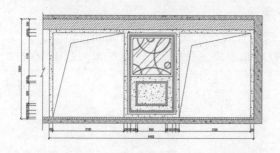

图 10-211

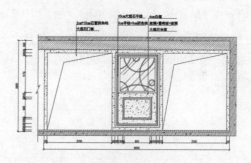

图 10-212

STEP 31 执行"复制"命令，复制图例说明，执行"直线""偏移"命令，绘制图例说明，如图 10-213 所示。

STEP 32 执行"多行文字"命令，绘制图例说明，如图 10-214 所示。

图 10-213

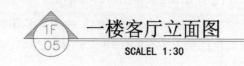

图 10-214

STEP 33 执行"移动"命令，调整图例说明位置，客厅隔断立面最终效果如图 10-215 所示。

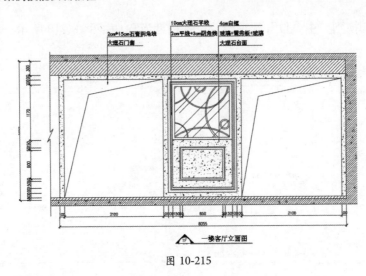

图 10-215

10.3.2 绘制客厅电视背景墙立面图

下面对跃层住宅客厅电视背景墙立面图的绘制过程进行介绍。

STEP 01 执行"矩形"命令，根据平面尺寸图，绘制6150mm×2920mm的矩形立面外框，执行"分解"命令，分解矩形，如图 10-216 所示。

STEP 02 执行"偏移"命令，将上、下两条直线分别向外偏移120mm，将左边直线向外偏移240mm，执行"圆角"命令，设置圆角半径为"0"，修整直角，如图 10-217 所示。

图 10-216

图 10-217

STEP 03 执行"图案填充"命令，拾取填充范围，选择填充图案为"ANSI31"，设置填充比例为10，如图 10-218 所示。

STEP 04 执行"图案填充"命令，拾取填充范围，选择填充图案为"AR-CONC"，设置填充比例为1，如图 10-219 所示。

图 10-218

图 10-219

STEP **05** 执行"偏移"命令，将两边直线分别向内偏移800mm，将顶面直线向下偏移300mm，执行"修剪"命令，修剪顶面造型，如图10-220所示。

STEP **06** 执行"图案填充"命令，拾取填充范围，选择填充图案为"ANSI31"，设置填充比例为10，如图10-221所示。

图 10-220

图 10-221

STEP **07** 执行"直线"命令，绘制石膏线条剖面形状，执行"图案填充"命令，填充线条剖面，如图10-222所示。

STEP **08** 执行"直线"命令，根据剖面端点绘制直线，如图10-223所示。

图 10-222

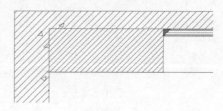

图 10-223

STEP **09** 执行"偏移"命令，将顶面直线和地面直线分别向内偏移100mm、32mm、11mm、7mm，绘制大理石线条，如图10-224所示。

STEP **10** 执行"偏移"命令，将左、右两边内墙线向内依次偏移900mm、900mm，执行"修剪"命令，修剪直线，如图10-225所示。

图 10-224

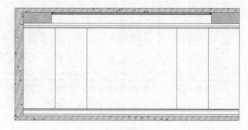

图 10-225

STEP **11** 执行"偏移"命令，偏移直线绘制辅助线，执行"矩形"命令，绘制矩形造型，执行"删除"命令，删除辅助线，如图10-226所示。

STEP **12** 执行"偏移"命令，将矩形依次向内偏移50mm、60mm、20mm、20mm、10mm，绘制大理石线条，如图10-227所示。

CHAPTER 06

CHAPTER 07

CHAPTER 08

CHAPTER 09

CHAPTER 10

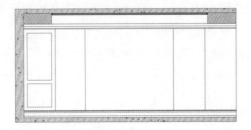

图 10-226

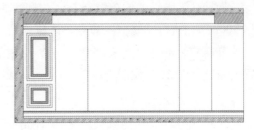

图 10-227

STEP 13 执行"图案填充"命令，拾取填充范围，选择填充图案为"AR-RROOF"，设置填充角度为 45，设置填充比例为 10，如图 10-228 所示。

STEP 14 执行"镜像"命令，以垂直方向为镜像轴，向右镜像复制造型，如图 10-229 所示。

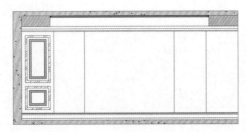

图 10-228

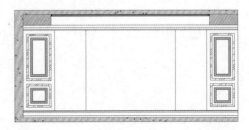

图 10-229

STEP 15 执行"矩形"命令，捕捉对角点绘制矩形，执行"偏移"命令，将矩形向内偏移 100mm，如图 10-230 所示。

STEP 16 执行"分解"命令，将偏移的矩形进行分解，执行"点>定数等分"命令，将直线等分成 4 份，如图 10-231 所示。

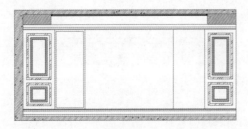

图 10-230

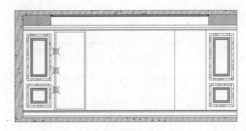

图 10-231

STEP 17 执行"直线"命令，连接等分点绘制直线，捕捉中心点向下绘制直线，执行"删除"命令，删除等分点，如图 10-232 所示。

STEP 18 执行"矩形"命令，捕捉左上角矩形，执行"偏移"命令，将矩形向内偏移 20mm，如图 10-233 所示。

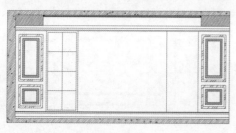

图 10-232

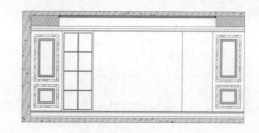

图 10-233

STEP 19 执行"图案填充"命令，拾取填充范围，选择填充图案为"AR-RROOF"，设置填充角度为45，设置填充比例为15，执行"镜像"命令，向右镜像复制造型，如图 10-234 所示。

STEP 20 执行"矩形"命令，捕捉中间造型对角点绘制矩形，执行"偏移"命令，依次向内偏移矩形，绘制大理石线条，如图 10-235 所示。

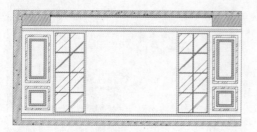

图 10-234

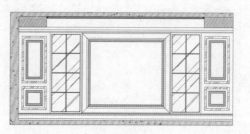

图 10-235

STEP 21 执行"分解"命令，将最内侧的矩形进行分解，执行"点→定数等分"命令，分别将直线等分成 4 份，如图 10-236 所示。

STEP 22 执行"直线"命令，单击"对象捕捉"按钮，连接等分点绘制直线造型，执行"删除"命令，删除等分点，如图 10-237 所示。

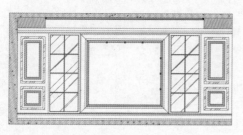

图 10-236

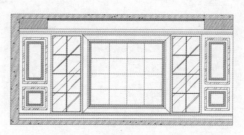

图 10-237

STEP 23 执行"图案填充"命令，拾取填充范围，选择填充图案为"AR-RROOF"，设置填充角度为45，设置填充比例为15，如图 10-238 所示。

STEP 24 执行"插入块"命令，打开图库"立面"，选择电视柜模型，导入模型，执行同样命令，导入电视机模型，执行"修剪"命令，修剪直线，如图 10-239 所示。

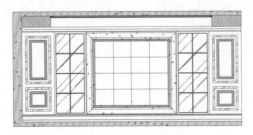

图 10-238

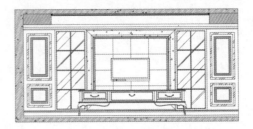

图 10-239

STEP 25 打开"标注样式管理器"命令，新建样式"30"，设置线参数，如图 10-240 所示。

STEP 26 在弹出的对话框中选择"符号和箭头"选项卡，更改"第一个""第二个"箭头为"建筑标记"，如图 10-241 所示。

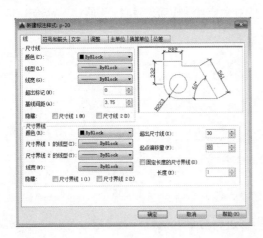

图 10-240

图 10-241

STEP 27 切换到"文字"选项卡，所有参数值保持默认值，如图 10-242 所示。

STEP 28 切换到"主单位"选项卡，设置精度为 0，如图 10-243 所示。

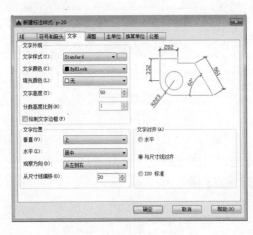

图 10-242

图 10-243

STEP **29** 执行"线性标注""快速标注"命令，标注立面尺寸，执行"删除"命令，删除辅助线，如图 10-244 所示。

STEP **30** 执行"引线"命令，绘制标注材料名称，执行"复制"命令，复制引线，双击文字，更改文字内容，如图 10-245 所示。

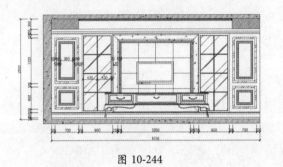

图 10-244

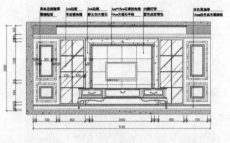

图 10-245

STEP **31** 执行"复制"命令，复制图例说明，双击文字，更改文字内容。最终效果如图 10-246 所示。

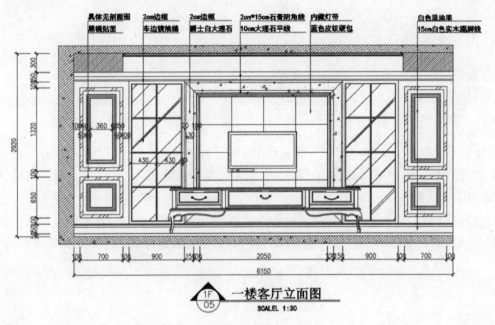

图 10-246

10.3.3 绘制卧室立面图

下面对跃层住宅卧室立面图的绘制过程进行介绍。

STEP **01** 执行"矩形"命令，根据平面尺寸图，绘制 4250mm × 2880mm 的矩形立面外框，执行"分解"命令，分解矩形，如图 10-247 所示。

STEP **02** 执行"偏移"命令，将上、下两条直线分别向外偏移 120mm，将左、右两边直线向外偏移 240mm，执行"圆角"命令，设置圆角半径为"0"，修整直角，如图 10-248 所示。

AutoCAD 2016
辅助设计与制作案例技能实训教程

CHAPTER 06

CHAPTER 07

CHAPTER 08

CHAPTER 09

CHAPTER 10

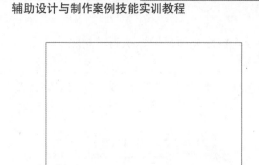

图 10-247

图 10-248

STEP 03 执行"图案填充"命令，拾取填充范围，选择填充图案为"ANSI31"，设置填充比例为 10，如图 10-249 所示。

STEP 04 执行"图案填充"命令，拾取填充范围，选择填充图案为"AR-CONC"，设置填充比例为 1，如图 10-250 所示。

图 10-249

图 10-250

STEP 05 执行"偏移"命令，将下方直线向上偏移 50mm，执行"图案填充"命令，拾取填充范围，选择填充图案为"ANSI31"，设置填充比例为 8，其他参数保持默认，如图 10-251 所示。

STEP 06 执行"偏移"→"修剪"命令，绘制顶面造型，执行"图案填充"命令，选择填充图案为"ANSI31"，设置填充比例为 8，其他参数保持默认，如图 10-252 所示。

图 10-251

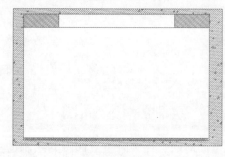

图 10-252

STEP 07 执行"直线"命令，绘制石膏线条剖面形状，执行"图案填充"命令，填充线条剖面，如图 10-253 所示。

STEP 08 执行"直线"命令，根据剖面端点绘制直线，如图 10-254 所示。

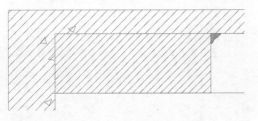

图 10-253　　　　　　　　　　　　　　图 10-254

STEP 09 执行"偏移"命令，将左、右两边内墙线向内偏移 900mm，执行"修剪"命令，修剪直线，如图 10-255 所示。

STEP 10 执行"矩形"命令，捕捉造型对角点绘制矩形，执行"偏移"命令，将矩形依次向内偏移 100mm、18mm、12mm，如图 10-256 所示。

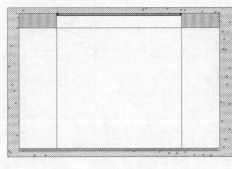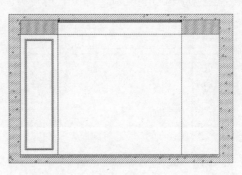

图 10-255　　　　　　　　　　　　　　图 10-256

STEP 11 执行"插入块"命令，打开图库，选择壁灯模型，导入模型，如图 10-257 所示。

STEP 12 执行"图案填充"命令，填充墙纸，选择填充图案为"CROSS"，设置填充比例为 15，其他参数保持默认，如图 10-258 所示。

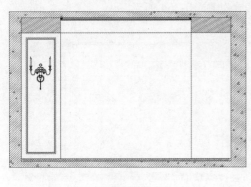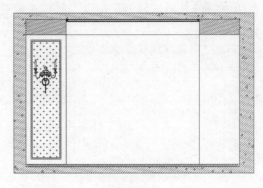

图 10-257　　　　　　　　　　　　　　图 10-258

STEP 13 执行"镜像"命令，以造型中心点为镜像点，复制造型，如图 10-259 所示。

STEP 14 执行"矩形"命令，捕捉对角点绘制矩形，执行"偏移"命令，将多段线依次向内偏移 35mm、25mm、25mm，如图 10-260 所示。

图 10-259

图 10-260

STEP 15 执行"直线"命令，捕捉矩形对角点绘制直线，执行"定数等分"命令，设置等分数量为 8，如图 10-261 所示。

STEP 16 执行"复制"命令，以等分点为基点，依次复制直线，如图 10-262 所示。

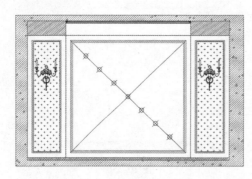

图 10-261

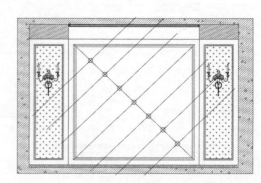

图 10-262

STEP 17 执行"镜像"命令，选择复制的直线，以中心点为镜像点，进行镜像复制，如图 10-263 所示。

STEP 18 执行"修剪"命令，修剪多余直线，如图 10-264 所示。

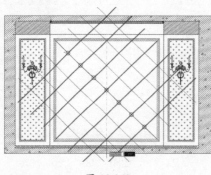

图 10-263

图 10-264

STEP 19 执行"插入块"命令，打开图库，选择双人床模型，导入模型，执行"修剪"命令，修剪造型，如图 10-265 所示。

STEP ㉒ 执行"插入块"命令，选择装饰画模型，导入模型，执行"修剪"命令，修剪造型，如图 10-266 所示。

图 10-265

图 10-266

STEP ㉑ 打开新建"标注样式"对话框，新建样式"20"，设置线参数，如图 10-267 所示。

STEP ㉒ 在弹出的对话框中选择"符号和箭头"选项卡，更改"第一个""第二个"箭头为"建筑标记"，设置全局比例为 20，其他参数保持默认，如图 10-268 所示。

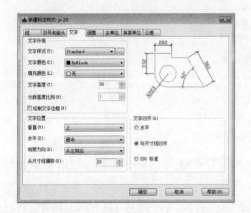

图 10-267

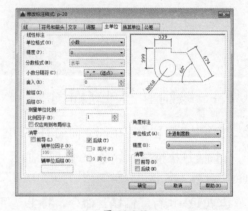

图 10-268

STEP ㉓ 执行"线性标注""连续标注"命令，标注立面尺寸，如图 10-269 所示。

STEP ㉔ 执行"引线"命令，标注材料名称，如图 10-270 所示。

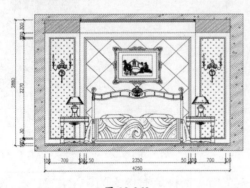

图 10-269

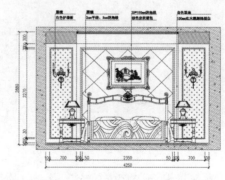

图 10-270

STEP **25** 执行"引线"命令，绘制标注材料名称，执行"复制"命令，复制引线，双击文字，更改文字内容。最终效果如图 10-271 所示。

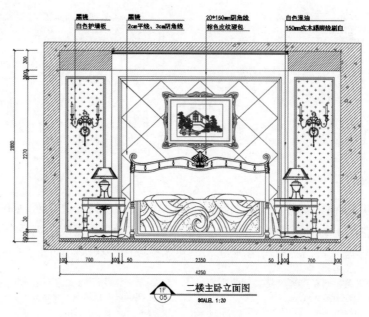

图 10-271　卧室立面效果

10.3.4　绘制卫生间立面图

下面对跃层住宅卫生间立面图的绘制过程进行介绍。

STEP **01** 执行"矩形"命令，根据平面尺寸图，绘制4280mm×2880mm的矩形立面外框，执行"分解"命令，分解矩形，如图 10-272 所示。

STEP **02** 执行"偏移"命令，将上、下两条直线分别向外偏移120mm，将左边直线向外偏移240mm，将右边直线向外偏移120mm，执行"圆角"命令，设置圆角半径为"0"，修整直角，如图 10-273 所示。

图 10-272

图 10-273

STEP **03** 执行"图案填充"命令，拾取填充范围，选择填充图案为"ANSI31"，设置填充比例为 10，如图 10-274 所示。

STEP **04** 执行"图案填充"命令，拾取填充范围，选择填充图案为"AR-CONC"，设置填充比例为1，如图10-275所示。

图 10-274

图 10-275

STEP **05** 执行"偏移"命令，将下方直线向上偏移50mm绘制地砖层，执行"图案填充"命令，拾取填充范围，选择填充图案为"ANSI31"，设置填充比例为8，其他参数保持默认，如图10-276所示。

STEP **06** 执行"偏移"命令，将顶面直线向下偏移300mm，绘制顶面造型，执行"图案填充"命令，选择填充图案为"ANSI31"，设置填充比例为15，如图10-277所示。

图 10-276

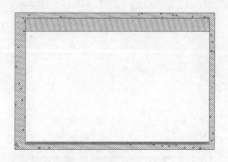

图 10-277

STEP **07** 执行"偏移"命令，将左边直线向右依次偏移640mm、2840mm、120mm，执行"修剪"命令，修剪直线，如图10-278所示。

STEP **08** 执行"偏移"命令，将顶面直线依次向下偏移70mm、50mm、20mm、10mm，绘制大理石线条，如图10-279所示。

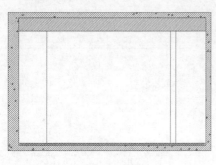

图 10-278

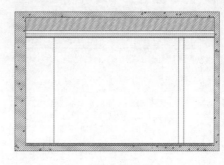

图 10-279

STEP **09** 执行"偏移"命令，将地面直线依次向上偏移400mm，绘制墙砖，执行"修剪"命令，修剪直线，如图10-280所示。

STEP **10** 执行"图案填充"命令，填充墙砖，拾取填充范围，选择填充图案为"AR-CONC"，设置填充比例为1，如图10-281所示。

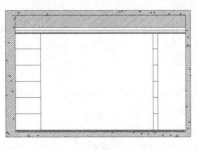

图 10-280

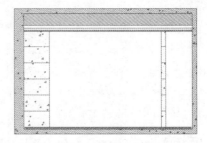

图 10-281

STEP **11** 执行"偏移"命令，将顶面直线依次向下偏移400mm、20mm，绘制层板，执行"修剪"命令，修剪层板，如图10-282所示。

STEP **12** 继续执行"偏移"命令，将层板依次向下偏移400mm、50mm、150mm、150mm，绘制抽屉，如图10-283所示。

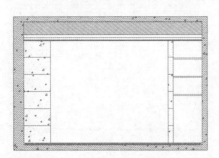

图 10-282

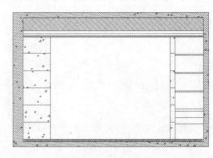

图 10-283

STEP **13** 执行"矩形"命令，沿着抽屉边界绘制矩形，执行"偏移"命令，将矩形依次向内偏移15mm、15mm、15mm，绘制抽屉门板造型，如图10-284所示。

STEP **14** 执行"圆"命令，绘制半径为10mm圆形把手，执行"复制"命令，向下复制圆形把手，如图10-285所示。

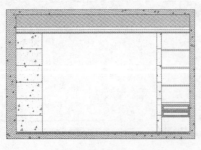

图 10-284

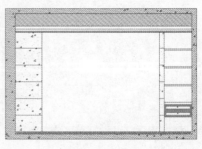

图 10-285

STEP **15** 执行"插入块"命令，选择折叠衣物，插入衣物模型，执行"复制"命令，复制衣物，如图 10-286 所示。

STEP **16** 执行"多段线"命令，绘制洗漱台造型，如图 10-287 所示。

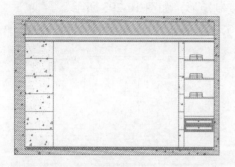

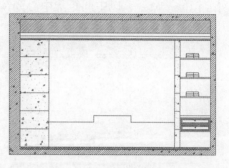

图 10-286   图 10-287

STEP **17** 执行"偏移"命令，将多段线向上偏移 80mm，绘制洗漱台厚度，如图 10-288 所示。

STEP **18** 执行"直线"命令，在距离上台面 300mm 绘制直线，绘制挡水条，如图 10-289 所示。

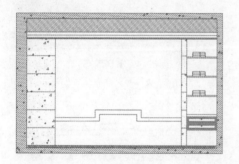

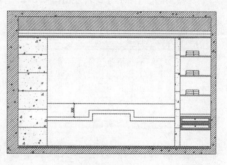

图 10-288   图 10-289

STEP **19** 执行"矩形"命令，绘制 500mm×150mm 的矩形抽屉，执行"偏移"命令，将矩形向内偏移 20mm、10mm，绘制抽屉造型，如图 10-290 所示。

STEP **20** 执行"复制"命令，依次向左复制抽屉，如图 10-291 所示。

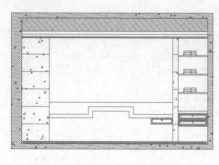

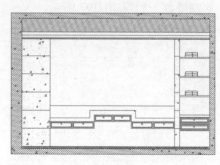

图 10-290   图 10-291

STEP **21** 执行"插入块"命令，选择图库"立面"，选择洗漱台立面，执行"复制"命令，复制洗漱台，如图 10-292 所示。

STEP **22** 执行"矩形"命令，分别绘制 500×1000mm 和 1000mm×1000mm 的矩形，执行"镜像"命令，以中间矩形中心为镜像轴复制矩形，如图 10-293 所示。

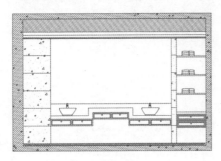

图 10-292

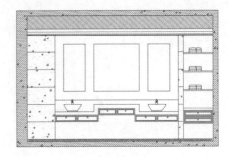

图 10-293

STEP **23** 执行"偏移"命令，将矩形分别依次向内偏移 20mm、40mm，执行"直线"命令，连接对角直线，如图 10-294 所示。

STEP **24** 执行"图案填充"命令，选择填充图案为"AR-RROOF"，设置填充角度为 45°，设置填充比例为 30，如图 10-295 所示。

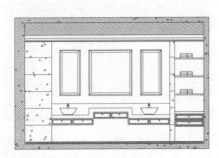

图 10-294

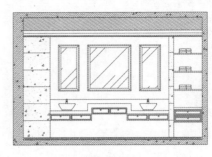

图 10-295

STEP **25** 执行"图案填充"命令，选择填充类型为"用户定义"，设置填充间距为 100，如图 10-296 所示。

STEP **26** 执行"插入块"命令，选择壁灯立面，导入壁灯立面造型，执行"复制"命令，复制壁灯，如图 10-297 所示。

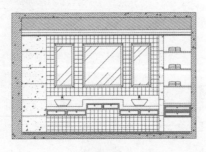

图 10-296

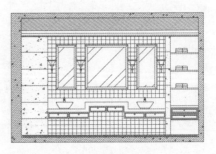

图 10-297

STEP **27** 执行"线性标注""连续标注"命令，标注立面尺寸，执行"删除"命令，删除辅助线。执行"引线"命令，绘制引线，执行"多行文字"命令，标注材料名称，如图 10-298 所示。

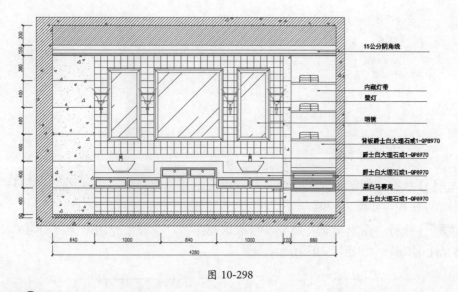

图 10-298

STEP **28** 执行"复制"命令，复制图例说明，双击文字，更改文字内容。最终效果如图 10-299 所示。

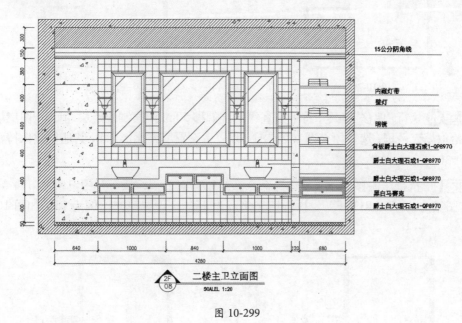

图 10-299

10.3.5   绘制楼梯立面图

下面对跃层住宅楼梯立面图的绘制过程进行介绍。

STEP **01** 执行"直线"命令，根据平面尺寸图，绘制立面外框，如图 10-300 所示。

STEP **02** 执行"偏移"命令，将上、下两条直线分别向外偏移120mm，将左右两边直线向外偏移240mm，执行"圆角"命令，设置圆角半径为"0"，修整直角，如图 10-301 所示。

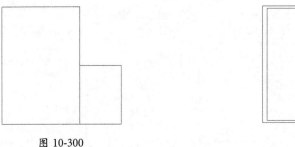

图 10-300   图 10-301

STEP **03** 执行"图案填充"命令，拾取填充范围，选择填充图案为"ANSI31"，设置填充比例为10，如图 10-302 所示。

STEP **04** 执行"图案填充"命令，拾取填充范围，选择填充图案为"AR-CONC"，设置填充比例为1，如图 10-303 所示。

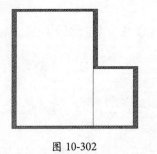

图 10-302   图 10-303

STEP **05** 执行"偏移"命令，将下方直线向上偏移50mm，绘制地砖层，执行"图案填充"命令，拾取填充范围，选择填充图案为"ANSI31"，设置填充比例为8，其他参数保持默认，如图 10-304 所示。

STEP **06** 执行"偏移"→"修剪"命令，绘制顶面造型，执行"图案填充"命令，选择填充图案为"AR-RROOF"，设置填充角度为45°，设置填充比例为15，如图 10-305 所示。

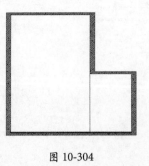
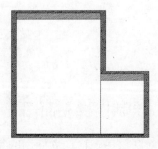

图 10-304   图 10-305

STEP **07** 执行"偏移"命令，将顶面直线依次向内偏移 100mm、32mm、11mm、7mm，绘制大理石线条，如图 10-306 所示。

STEP **08** 执行"偏移""修剪"命令，绘制楼板层，执行"图案填充"命令，填充楼板层，如图 10-307 所示。

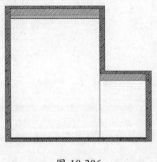

图 10-306

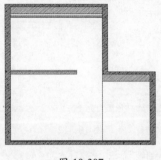

图 10-307

STEP **09** 执行"直线""偏移"命令，绘制楼梯踏步，执行"修剪"命令，修剪直线，如图 10-308 所示。

STEP **10** 执行"偏移"命令，将直线分别向下偏移 20mm，绘制楼梯厚度，如图 10-309 所示。

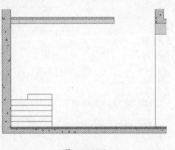

图 10-308

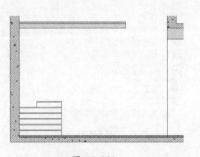

图 10-309

STEP **11** 执行"直线"命令，绘制楼梯踏步剖面，如图 10-310 所示。

STEP **12** 执行"直线""偏移"命令，绘制楼梯踏步，执行"修剪"命令，修剪直线，如图 10-311 所示。

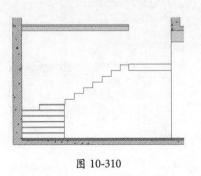

图 10-310

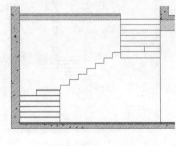

图 10-311

STEP **13** 执行"偏移"命令，将直线分别向下偏移20mm，绘制楼梯厚度，如图 10-312 所示。

STEP **14** 执行"直线"命令，连接楼梯剖面，如图 10-313 所示。

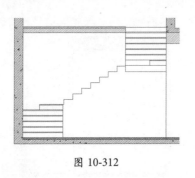

图 10-312　　　　　　　　　　　　　　　图 10-313

STEP **15** 执行"直线""偏移"命令，绘制楼梯踏板剖面，执行"修剪"命令，修剪剖面，如图 10-314 所示。

STEP **16** 执行"直线""偏移"命令，绘制楼梯扶手，执行"修剪"命令，修剪扶手，如图 10-315 所示。

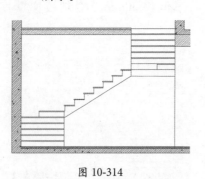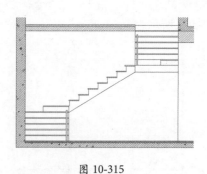

图 10-314　　　　　　　　　　　　　　　图 10-315

STEP **17** 执行"直线""偏移"命令，绘制楼梯栏杆，执行"修剪"命令，修剪栏杆，如图 10-316 所示。

STEP **18** 执行"图案填充"命令，填充栏杆，选择填充图案为"AR-RROOF"，设置填充角度为45°，设置填充比例为30，如图 10-317 所示。

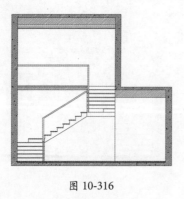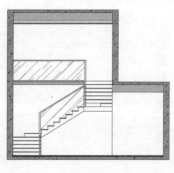

图 10-316　　　　　　　　　　　　　　　图 10-317

STEP **19** 执行"圆""圆弧"命令，绘制玻璃栏杆花纹，执行"修剪"命令，修剪花纹，如图 10-318 所示。

STEP **20** 执行"偏移"命令，将地面直线向上依次偏移 100mm、30mm、20mm，绘制踢脚线，如图 10-319 所示。

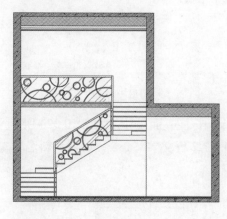

图 10-318

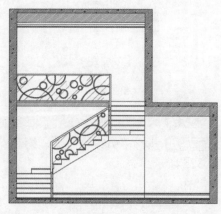

图 10-319

STEP **21** 执行"插入块"命令，选择植物，插入植物立面模型，执行同样命令导入装饰画模型，如图 10-320 所示。

STEP **22** 执行"图案填充"命令，填充墙纸，选择填充图案为"CROSS"，设置填充比例为 10，其他参数保持默认，如图 10-321 所示。

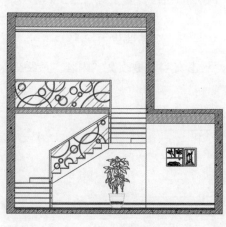

图 10-320

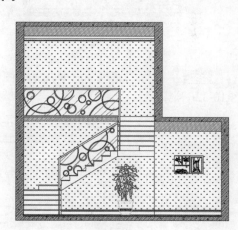

图 10-321

STEP **23** 打开"新建标注样式"对话框，新建样式"20"，设置线参数，如图 10-322 所示。

STEP **24** 在弹出的对话框中选择"符号和箭头"选项卡，更改"第一个""第二个"箭头为"建筑标记"，设置全局比例为 20，其他参数保持默认，如图 10-323 所示。

图 10-322　　　　　　　　　　　　　　　图 10-323

STEP 25 执行"线性标注""连续标注"命令，标注立面尺寸，如图 10-324 所示。

STEP 26 执行"引线"命令，绘制引线，执行"多行文字"命令，标注材料名称，如图 10-325 所示。

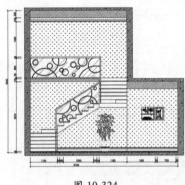

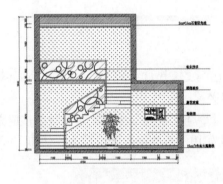

图 10-324　　　　　　　　　　　　　　　图 10-325

STEP 27 执行"复制"命令，复制图例说明，双击文字，更改文字内容。最终效果如图 10-326 所示。

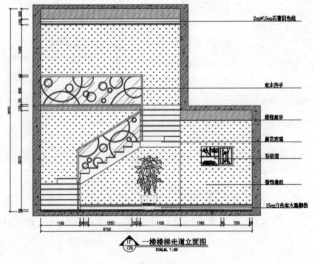

图 10-326

10.4　绘制主要剖面图

本节将对跃层住宅中主要剖面图的绘制过程进行介绍，如楼梯剖面图、隔断剖面图等。

10.4.1　绘制楼梯剖面图

下面对跃层住宅中楼梯剖面图的绘制过程进行介绍。

STEP 01 执行"圆"命令，以三角形底边中心点为圆心绘制半径为 200mm 的圆，如图 10-327 所示。

STEP 02 执行"直线"命令，绘制剖切直线，如图 10-328 所示。

图 10-327　　　　　　　　　　　　　　　　图 10-328

STEP 03 执行"移动"命令，将图标移动至楼梯位置，随后执行"直线"命令，绘制楼梯踏步剖面，如图 10-329 所示。

STEP 04 执行"直线""偏移"命令，绘制楼梯踏步厚度，如图 10-330 所示。

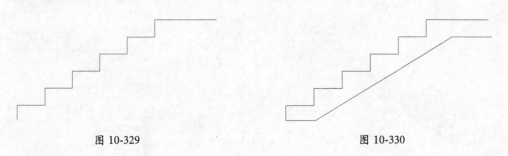

图 10-329　　　　　　　　　　　　　　　　图 10-330

STEP 05 执行"多段线"命令，绘制折断线，执行"修剪"命令，修剪直线，如图 10-331 所示。

STEP 06 执行"图案填充"命令，拾取填充范围，选择填充图案为"ANSI31"，设置填充比例为 10，如图 10-332 所示。

CHAPTER 06

CHAPTER 07

CHAPTER 08

CHAPTER 09

CHAPTER 10

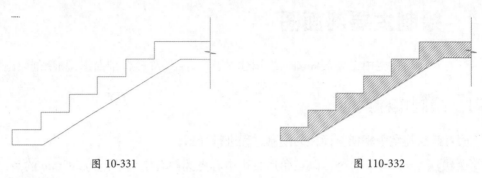

图 10-331   图 110-332

STEP **07** 执行"图案填充"命令，拾取填充范围，选择填充图案为"AR-CONC"，设置填充比例为2，如图 10-333 所示。

STEP **08** 执行"偏移""修剪"命令，绘制地砖粘贴层，如图 10-334 所示。

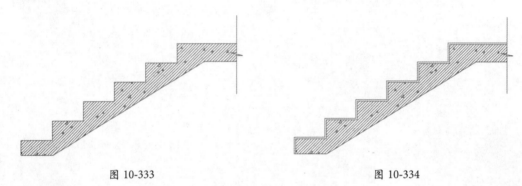

图 10-333   图 10-334

STEP **09** 执行"图案填充"命令，填充粘贴层，拾取填充范围，选择填充图案为"AR-CONC"，设置填充比例为0.1，如图 10-335 所示。

STEP **10** 执行"偏移"命令，绘制楼梯踏步地砖层厚度，执行"修剪"命令，修剪直线，如图 10-336 所示。

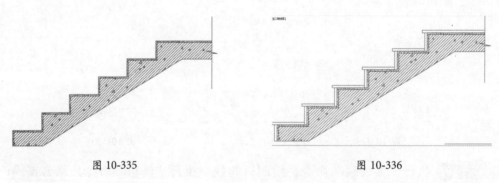

图 10-335   图 10-336

STEP **11** 执行"图案填充"命令，拾取填充范围，选择填充图案为"ANSI33"，设置填充比例为2，如图 10-337 所示。

STEP **12** 打开"标注样式管理器"对话框，将新建样式设置为"10"，并设置线参数，如图 10-338 所示。

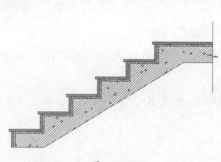

图 10-337

图 10-338

STEP **13** 在弹出的对话框中选择"符号和箭头"选项卡，更改"第一个""第二个"
箭头为"建筑标记"，设置全局比为 10，如图 10-339 所示。

STEP **14** 执行"线性标注""连续标注"命令，标注立面尺寸，执行"删除"命令，
删除辅助线，如图 10-340 所示。

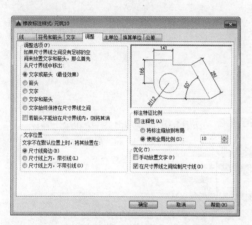

图 10-339

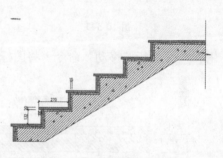

图 10-340

STEP **15** 执行"引线"命令，绘制引线，执行"多行文字"命令，标注材料名称，如
图 10-341 所示。

STEP **16** 执行"直线"命令绘制图例说明，执行"多行文字"命令，标注文字，如图
10-342 所示。

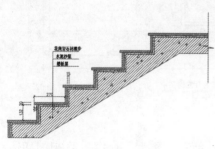

图 10-341

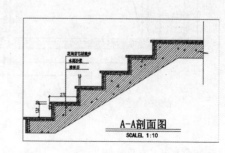

图 10-342

AutoCAD 2016
辅助设计与制作案例技能实训教程

CHAPTER 06

CHAPTER 07

CHAPTER 08

CHAPTER 09

CHAPTER 10

10.4.2　绘制隔断剖面图

下面对跃层住宅中客厅隔断剖面图的绘制过程进行介绍。

STEP 01 执行"圆"命令,以三角形底边中心点为圆心绘制半径为200mm的圆,执行"直线"命令,绘制剖切直线,如图10-343所示。

STEP 02 执行"多行文字"命令,绘制标注文字,如图10-344所示。

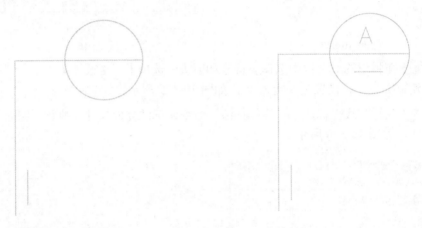

图 10-343　　　　　　　　　　　　　　　　　图 10-344

STEP 03 执行"移动"命令,将图标移动至客厅立面图位置,如图10-345所示。

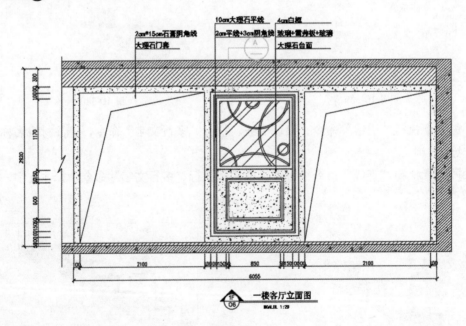

图 10-345

STEP 04 执行"直线"命令,绘制剖面外框,执行"矩形"命令,绘制剖切边,如图10-346所示。

STEP 05 执行"特性"命令，选择矩形，设置线型为"ACADISO03W100"，如图 10-347 所示。

STEP 06 执行"图案填充"命令，拾取填充范围，选择填充图案为"ANSI31"，设置填充比例为 5，如图 10-348 所示。

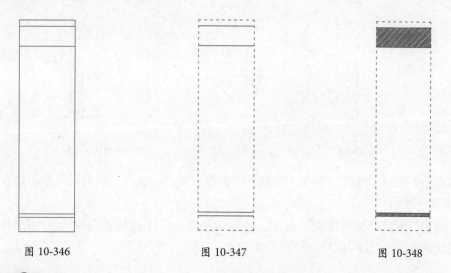

图 10-346   图 10-347   图 10-348

STEP 07 执行"直线""偏移"命令，绘制隔断剖面直线，如图 10-349 所示。

STEP 08 执行"图案填充"命令，拾取填充范围，选择填充图案为"ANSI31"，设置填充比例为 10，如图 10-350 所示。

STEP 09 执行"偏移"命令，将直线向外偏移 20mm，绘制大理石粘贴层，执行"修剪"命令，修剪直线，如图 10-351 所示。

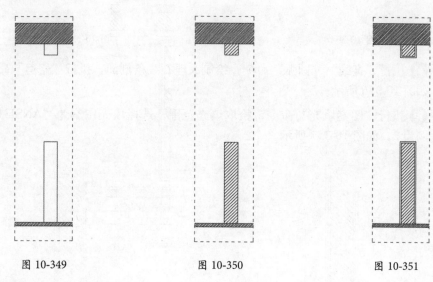

图 10-349   图 10-350   图 10-351

STEP 10 执行"图案填充"命令，填充剖面粘贴层，拾取填充范围，选择填充图案为"AR-SAND"，设置填充比例为 0.5，如图 10-352 所示。

CHAPTER 06

CHAPTER 07

CHAPTER 08

CHAPTER 09

CHAPTER 10

STEP **11** 执行"偏移"命令，将直线向外偏移 20mm，绘制大理石剖面，执行"修剪"命令，修剪直线，如图 10-353 所示。

图 10-352   图 10-353

STEP **12** 执行"直线"命令，绘制大理石线条剖面，执行"圆角"命令，修改圆角，如图 10-354 所示。

STEP **13** 执行"图案填充"命令，拾取填充范围，选择填充图案为"ANSI31"，设置填充比例为 2，如图 10-355 所示。

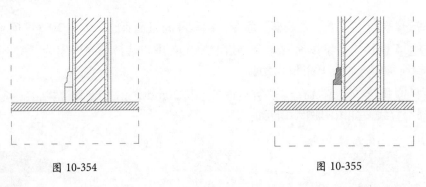

图 10-354   图 10-355

STEP **14** 执行"直线""圆弧"命令，绘制大理石线条剖面，执行"修剪"命令，修剪直线，如图 10-356 所示。

STEP **15** 执行"图案填充"命令，拾取填充范围，选择填充图案为"ANSI31"，设置填充比例为 2，如图 10-357 所示。

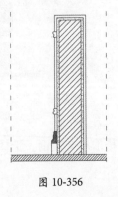

图 10-356

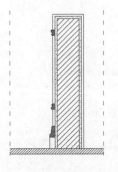

图 10-357

STEP **16** 执行"镜像"命令，镜像复制大理石线条，如图 10-358 所示。

STEP **17** 执行"图案填充"命令，填充大理石剖面，拾取填充范围，选择填充图案为"AR-HBONE"，设置填充比例为 0.1，如图 10-359 所示。

STEP **18** 执行"直线"命令，连接大理石线条，如图 10-360 所示。

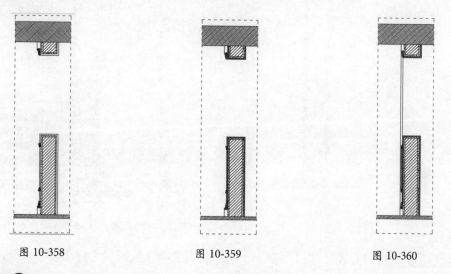

图 10-358　　　　　　　　图 10-359　　　　　　　　图 10-360

STEP **19** 执行"直线""偏移"命令，绘制玻璃隔断剖面，执行"修剪"命令，修剪线条，如图 10-361 所示。

STEP **20** 执行"偏移"命令，将玻璃隔断直线分别向内偏移 10mm，如图 10-362 所示。

STEP **21** 执行"图案填充"命令，填充玻璃剖面，拾取填充范围，选择填充图案为"ANSI31"，设置填充比例为 2，如图 10-363 所示。

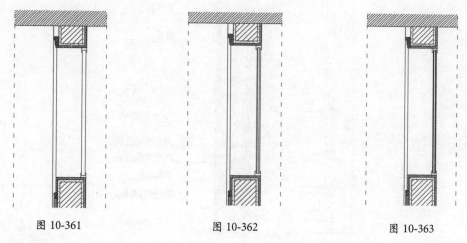

图 10-361　　　　　　　　图 10-362　　　　　　　　图 10-363

STEP **22** 执行"线性标注""连续标注"命令，标注立面尺寸，如图 10-364 所示。

STEP **23** 执行"引线"命令，绘制引线，执行"多行文字"命令，标注材料名称，如图 10-365 所示。

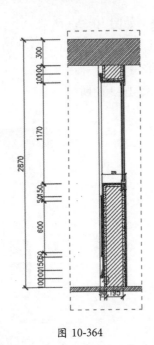

图 10-364

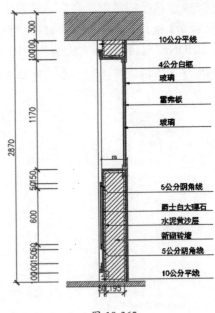

图 10-365

STEP 24 执行"直线""圆"命令，绘制图例说明，执行"多行文字"命令，标注文字，如图 10-366 所示。

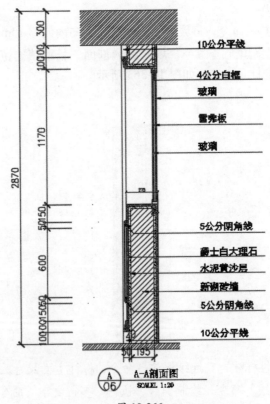

图 10-366

参 考 文 献

[1] CAD/CAM/CAE 技术联盟．AutoCAD 2014 室内装潢设计自学视频教程 [M]．北京：清华大学出版社，2014．

[2] CAD 辅助设计教育研究室．中文版 AutoCAD 2014 建筑设计实战从入门到精通 [M]．北京：人民邮电出版社，2015．

[3] 姜洪侠、张楠楠．Photoshop CC 图形图像处理标准教程 [M]．北京：人民邮电出版社，2016．